从新手到高手

iPad Procreate
创意绘画
从新手到高手

何子金 / 编著

U0215037

清华大学出版社
北京

内容简介

Procreate 是一款强大的绘画应用软件，让创意人士随时抓住灵感，通过简单的操作系统，集合专业的功能进行素描、填色、设计等艺术创作。专业的绘图应用工具，让 iPad 也能够拥有和台式计算机画面软件相媲美的绘图效果。本书从零开始学习这款软件，通过由浅入深的绘画案例，让读者彻底掌握 Procreate 这款强大的绘画软件。别外，本书赠送 PPT 课件和其他素材资源。

本书的读者对象为喜欢创意绘画的爱好者，手绘相关工作的广大设计师，以及广告、动漫设计相关人员。

图书在版编目（CIP）数据

iPad Procreate创意绘画从新手到高手 / 何子金编著. —北京：清华大学出版社，2023.1

（从新手到高手）

ISBN 978-7-302-62806-4

Ⅰ.①i… Ⅱ.①何… Ⅲ.①图像处理软件 Ⅳ.①TP391.413

中国国家版本馆CIP数据核字（2023）第030257号

责任编辑：张　敏
封面设计：郭二鹏
责任校对：胡伟民
责任印制：宋　林

出版发行：清华大学出版社
　　　　网　　　　址：http://www.tup.com.cn, http://www.wqbook.com
　　　　地　　　　址：北京清华大学学研大厦A座　　　邮　　编：100084
　　　　社　总　机：010-83470000　　　　　邮　　购：010-62786544
　　　　投稿与读者服务：010-62776969, c-service@tup.tsinghua.edu.cn
　　　　质　量　反　馈：010-62772015, zhiliang@tup.tsinghua.edu.cn
　　　　课　件　下　载：http://www.tup.com.cn, 010-83470236
印　装　者：涿州汇美亿浓印刷有限公司
经　　销：全国新华书店
开　　本：185mm×260mm　　印　张：11.75　　字　数：352千字
版　　次：2023年3月第1版　　印　次：2023年3月第1次印刷
定　　价：79.80元

产品编号：096208-01

前言

Procreate 是专为苹果移动式设备设计的高阶绘图应用软件，为了让数控画笔发挥最大的优势和最好的控笔感受，开发团队将 Procreate 软件只开放给苹果商店，也就是说，只有苹果平板设备 iPad 才能安装 Procreate 软件，其他品牌的平板设备无法安装。Procreate 是为了让 iPad 和 Apple Pencil 达到完美和谐所创造的一款软件，它能让你感受如同现实世界中用各种笔来创作的真实感。

Procreate 专为给用户最流畅的创作体验而设计。极简的用户界面让绘画者将注意力放在创作中，配合直观的多感应手势控制，可以让你发挥无与伦比的创意。

Procreate 最大的特色在于可以模拟各种笔触，包括毛笔、马克笔、钢笔、铅笔等，可以轻松模拟素描、着墨、油画厚涂、水彩晕染等绘画效果，可以实现涂抹或擦除功能，并以丰富的质感创作手写字体或绘画肌理，还能管理并保存这些笔刷。笔刷可以在软件的笔刷工作室平台中进行创建，你可以自定义出个人特色的笔刷，并导入新笔刷或分享个人制作的独特笔刷文件。

在最新版本的 Procreate 中，已经可以进行动画和 3D 图像的绘制，你可以轻松导出绘画过程为 MP4 格式，还可以在 OBJ 格式的 3D 模型中进行创作。在 Procreate 中甚至可以通过人工智能功能进行 3D 与实景的结合，随着软件的不断升级，相信会有更多的新功能产生。

本书分为 8 章，第 1 ～ 3 章为软件基础，通过介绍软件的各种用法帮助读者解决使用问题；第 4 ～ 8 章为软件应用，通过景观、建筑、动漫等不同行业的绘画练习，熟悉绘制流程，能够熟练掌握软件的应用，达到自由创作的程度。

本书资源

本书通过扫码下载资源的方式为读者提供增值服务，这些资源包括微视频、PPT 课件和本书素材。读者通过扫描正文中对应微视频二维码可以学习和使用微视频资源；通过扫描下方二维码可以获取 PPT 课件和本书素材。

本书资源

本书由云南艺术学院何子金老师编写。本书内容丰富、结构清晰、参考性强，讲解由浅入深且循序渐进，知识涵盖面广又注重细节，非常适合艺术类院校作为相关教材使用。

由于作者水平有限，书中错误、疏漏之处在所难免。在感谢您选择本书的同时，也希望您能够把对本书的意见和建议告诉我们。

编　者
2022 年 11 月

目录

第 6 章　Procreate 建筑效果图绘制 106

第 7 章　Q 版动漫创意绘画 122

第1章

Procreate 软件界面与基本设置

平板绘画并不是 Procreate 的首创，但 Procreate 却是触摸屏绘画最精密的软件之一，它与 Apple Pencil 电容笔结合，能够感应极其细微的触压和侧峰变化，能够配合无数画笔笔刷模拟真实的绘画。Procreate 的图层管理、色盘、混合模式、速创形状、滤镜及画笔的容差设置，是这款绘图软件所有人性化设置的标配，甚至在三维和动画方面，随着版本的升级也会令人有所期待。

1.1 Procreate 软件概述

Procreate 是一款在平板电脑上配合电容感应笔（兼容性较好的是 Apple Pencil 画笔）进行绘画的软件，Procreate 的运行系统是 iPad OS，具有强大的绘画功能，丰富的笔刷和混色控制让设计师随时把握灵感，通过简易的操作系统及专业的功能集合进行线描、填色、设计等艺术创作。该软件充分利用 iPad 屏幕触摸的便捷方式，拥有人性化的设计效果。图 1.1 所示为 Procreate 软件界面。

图 1.1

1.1.1 Procreate 软件的特点

图 1.2

Procreate 软件曾经获得过 Apple 最佳设计奖和 App Store 必备应用奖，是专为创意人士使用移动设备打造的一款应用。

Procreate 的主要特点包括较高的画布分辨率、136 种简单易用的画笔、高级图层系统及高性能绘图引擎（由 iOS 上最快的 64 位绘图引擎 Silica M 支持）。

1. 动画协助功能

Procreate 的动画协助功能主打洋葱皮和实时回放，可以快速绘制动态循环 GIF 动画及故事板，如图 1.2 所示。

2. 色彩快填功能

Procreate 的快速填色功能快速、直观、高效，只需轻点颜色按钮或调色板中的任一色卡，拖放到画布上即可填充任何区域。长点滑动调节填充阈值即可控制不封闭区域的空间。

3. 速创形状功能

利用 Procreate 可以绘制出完美的图形，得益于它的"速创形状"设计，绘画时只要停顿几秒，粗糙的手绘线条即可变为流线图形。

4. 绘图指引功能

Procreate 的绘图指引功能可以按照设置好的透视指引、对称参考、2D 等指引网格，快速获得画出完美透视和对称图形的能力，如图 1.3 所示。

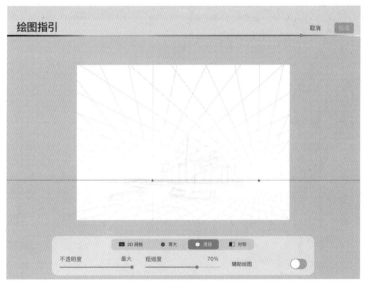

图 1.3

5. 速选菜单功能

Procreate 的速选菜单功能可以让操作更加方便快捷，只要按住一只手指，即可运用 6 个自定义菜单按钮（前提是要激活"操作"→"偏好设置"→"手势控制"→"速选菜单"→"触摸并按住"选项）。设置好后，向某一按钮的方向轻扫手指，即可瞬间执行按钮指定操作，如图 1.4 所示。

6. 画笔的流线属性功能

Procreate 可以设置画笔的流线属性，该功能的原理是忽略一些人为的抖动，让起笔和落笔间获得更多的软件控制。这样可获得丝滑的曲线和线条，流线功能可以帮助每个人都成为专业手写或书法艺术家，如图 1.5 所示。

图 1.4

图 1.5

7. 双纹理系统

数字画笔从问世以来，在过去 30 年来从未改变，直到 Procreate 为行业带来便捷而强大的革命性"形状 + 颗粒"系统。Procreate 将颗粒的纹理放入画笔形状中，让人获得在数位笔刷中前所未有的自由度。

8. 手绘选取功能

Procreate 的手绘选取工具非常强大，它集合了 Photoshop 多边形选取和套索选取工具的精华，并将它们转变为最易使用、最灵活的选取工具，系统可自动识别要选择的区域，如图 1.6 所示。

图 1.6

9. 仅在苹果系统上发布

Procreate 之所以仅在苹果系统上发布，开发人员给出的答案是，该软件是基于屏幕触控技术的App，而体验效果更好的工具则是 iPad，所以为了获得最佳体验，仅在苹果的 App Store 上独家发布，如图 1.7 所示。

图 1.7

10. 强大的图层管理和滤镜特效功能

Procreate 可支持多图层编辑，作品可划分图层，控制单个元素。使用图层蒙版和剪裁蒙版进行无损编辑，通过将图层合并到组中来保持条理。可选择多个图层以同时移动或转换对象，并有多达17 种图层混合模式用于打造专业合成效果。Procreate 还拥有多种滤镜，用于为图形增效，图 1.8 所示为泛光效果。

图 1.8

1.1.2 Procreate 软件的应用领域

Procreate 软件可以进行任何风格的插画设计，完全取代了过去纸质绘图的工作需要，可在工业造型、产品设计、服装设计、建筑规划设计、影视动画设计、插画设计和教育等领域大展拳脚。由于 Procreate 软件可创建高达 16K×4K 像素的画布尺寸，支持 64 位颜色，因此可以满足绝大多数设计领域的需求。

Procreate 的笔刷可以模拟马克笔、铅笔、毛笔、水彩笔、油画笔等各种笔触，甚至可以模拟涂料的薄厚感觉，这对于数字绘画而言有了更多可能。图 1.9 所示为使用 Procreate 模拟的彩铅绘画风格。

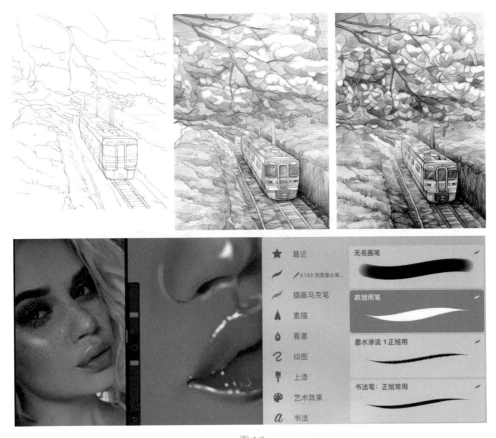

图 1.9

1.2　Apple Pencil

　　Procreate 软件的最佳搭档是 Apple Pencil（画笔），这是一个需要额外购买的硬件。Apple Pencil 是一款智能触控笔，拥有压力传感器。Apple Pencil 可以跟用户的手指同时使用，它搭载了一个 Lightning 接口，可以插到 Apple 设备上来充电（也可以单独使用 iPad 充电器进行充电），如图 1.10 所示。

　　Apple Pencil 手写笔借助蓝牙技术及笔尖触控技术，感知位置和力度及角度，实现最大限度的笔迹还原，这支触控笔还解决了延迟的问题，几乎做到零延迟，最大限度还原真实的书写体验。借助 Apple Pencil，设计师和艺术家可以在 iPad 上进行更直接的创作，无论是画作还是图纸，都可以实现得更加精美。

图 1.10

微视频

1.3 Procreate 界面布局

Procreate 软件的界面非常简约，如图 1.11 所示，主要分为 4 部分，右上方为绘图工具区域，该区域包含了绘画创作所需的所有工具（绘图、涂抹、擦除、作品图层和颜色选取）；左上方为高级功能区域，该区域包含了所有的设置和绘图操作功能（图库、操作、调整、选取和变换变形）；左边侧栏是一个快捷工具栏，在这里能找到各种修改工具（调节画笔尺寸和不透明度、快速操作撤销和重做）；界面中间为画布（绘图区域）。

图 1.11

微视频

1.4 Procreate 基本手势

Procreate 软件的操作是和 iPad 基本操作手势相配合的（用指尖轻点、滑动），用指尖可以移动画布、撤销 / 重做、清除、复制、粘贴及选择菜单。下面就来讲解 Procreate 软件的基本手势。

图 1.12

1.4.1 一指手势操作

Procreate 与 Apple Pencil 可以实现无缝结合，像指尖一样在画布上绘图（把指尖当作笔尖），如图 1.12 所示。

一指触摸屏幕可以绘图、涂抹和擦除画面。绘图时一指长点可以"速创形状"，比如绘制一个圆形，绘制完不要松手（手指保持长点状态数秒），圆形将以计算机模式进行弧线校正，如图 1.13 所示。

一指横向滑动图层可以对该图层进行选择，继续滑动另外的图层，则可以加选图层，如图 1.14 所示。

图 1.13　　　　　　　　　　　　　　　　　　图 1.14

1.4.2　两指手势操作

用两指同时在画布上轻点即可撤销上一个操作（相当于 Undo，两指可以是合并或分开的）。界面上方会出现通知信息，显示撤销了哪个操作，如图 1.15 所示。

图 1.15

知识点拨

　　如果想要撤销一系列操作，点击画布后让双指保持长点，延迟一会儿后 Procreate 即开始快速撤销最近的操作；想要停止撤销只要将手指从画布上移开即可。Procreate 能撤销最多 250 个操作。如果返回图库或退出 Procreate，所有撤销历史记录将被清除。

两指可以对图像进行捏合缩放，这样可以缩小或放大视图，方便观察细节或全图。操作方法是将手指放至画布上，捏合手指以缩小视图，或是向外捏放来放大视图，如图 1.16 所示。

图 1.16

　　快速捏合画布可以迅速让图像适应屏幕。操作方法是在使用手势操作的结尾快速在屏幕上捏合并放开手指。如果想回到快速捏合前的画布画面，反向操作快速捏合的手势即可。

　　两指可以对图像进行捏合旋转，这样可以旋转画布来找到最适合的角度（有时将图像旋转至一定的角度更适合下笔绘画）。操作方法是用手指捏住画布时，转动手指即可旋转画布，如图 1.17 所示。

　　两指操作在"图层"面板中应用可以提高工作效率。在图层列表中将两指捏合即会将图层及中间包含的所有图层进行合并。两指轻点图层还可以调整该图层的不透明度，操作方法是两指轻点图层后激活该图层的不透明度设置状态，接着在画布上向左右拖动手指，即可增加或降低图层的可见度，如图 1.18 所示。

图 1.17

图 1.18

　　两指右滑图层，可以启用该图层的阿尔法锁定（锁定该图层的不透明度），此时在该图层上的绘画操作只会反映在当前区域，而不影响透明的区块。两指轻点并长点一个图层可以选择该图层的内容，以方便对其进行缩放变形等操作。

1.4.3　三指手势操作

用三指同时在画布上轻点即可执行重做命令（相当于 Redo 命令），三指可以是合并或分开的。如同撤销操作一样，可以在画布上用三指长点快速重做一系列操作，如图 1.19 所示。

在画布上同时用左右擦除的动作拖动三指即可将图层的内容擦除掉，如图 1.20 所示。

图 1.19

图 1.20

用三指往屏幕下方滑动即可打开"拷贝并粘贴"工具栏，其中提供了剪切、拷贝、全部拷贝、复制、剪切并粘贴和粘贴等功能按钮，如图 1.21 所示。

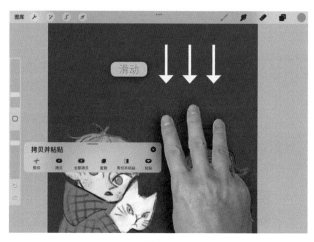
图 1.21

> **知识点拨**
>
> 选择"操作"→"偏好设置"→"手势控制"选项，打开"手势控制"面板，在该面板可变更 Procreate 中多种工具的快捷设置，用户可根据自己的工作习惯变更手势（如单手控制）。

1.4.4　四指手势操作

用四指轻点界面可切换全屏功能。想要让界面只有绘图画面时，用四指轻点屏幕即可激活全屏模式（界面将会隐藏），再次用四指轻点屏幕即可切换回界面模式（轻点全屏模式左上角的图标也可切换回界面模式），如图 1.22 所示。

图 1.22

1.5 图库

在图库中，可以新建画布（最大 12K×4K 尺寸）、管理图库（像资源管理器一样管理作品）、保存作品、导入导出图片和分享作品等，如图 1.23 所示。

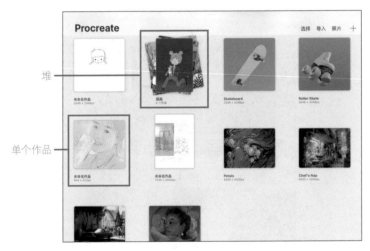

图 1.23

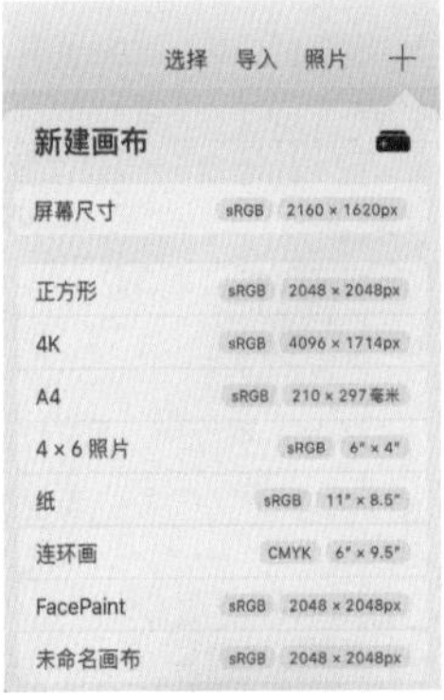

1.5.1 新建画布

在 Procreate 中可以选择自带的画布样板，或自定义画布尺寸。

点击"+"按钮，打开"新建画布"窗口，列表框中罗列了 Procreate 提供的各种常用尺寸样板。在画布样板上向左轻滑可以选择编辑或删除样板，如图 1.24 所示。

图 1.24

点击 ▬ 按钮，打开"自定义画布"窗口，在其中可以自定义尺寸，完成后点击"创建"按钮，如图 1.25 所示。

图 1.25

1. 颜色配置文件

与 Photoshop 一样，Procreate 可以用不同的方法管理色彩。RGB 最适合数码屏终端显示作品，此色彩模式与屏幕的色彩特性相同，将色彩分为红、绿、蓝 3 种颜色；CMYK 适合创作用于印刷的作品，CMYK 将每个颜色分为青色、洋红色、黄色及黑色，如图 1.26 所示。

图 1.26

2. 缩时视频设置

在"缩时视频设置"界面，可以将作品的创作过程记录下来，再以高速缩时视频的方式回放。视频可选择设置为 1080 至 4K 全像素不等的尺寸，并可设置"普通质量"（文件尺寸较小、便于分享）至"无损格式"（尺寸较大而不失真的高质量视频）等不同的视频质量，如图 1.27 所示。

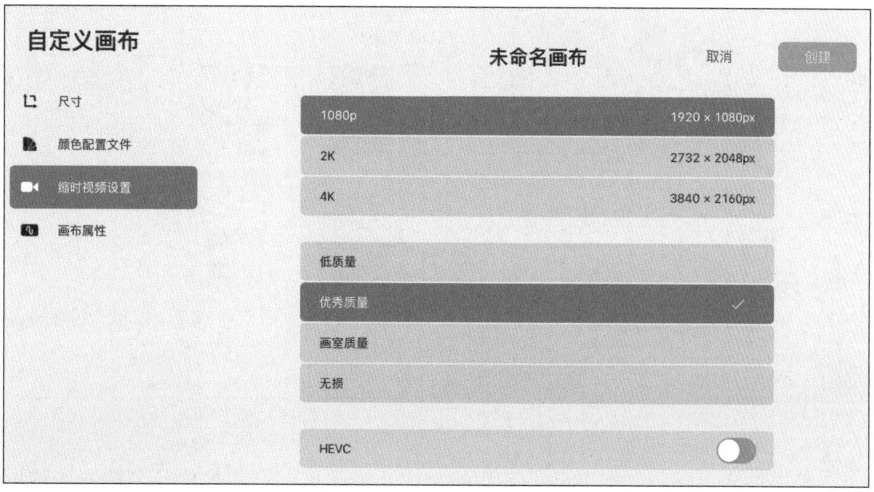

图 1.27

使用 HEVC 编码的缩时视频中可使用透明背景。想导出透明背景的缩时视频，画布的颜色配置文件必须设为 sRGB IEC61966-2.1 并启用 HEVC 选项。

1.5.2 预览作品

在"图库"界面中可以全屏预览作品或动画或在浏览器中以缩略图方式浏览作品。在浏览作品缩略图时可以捏合手指进行缩放浏览，全屏浏览作品时轻点两下可以进入绘画状态，如图 1.28 所示。

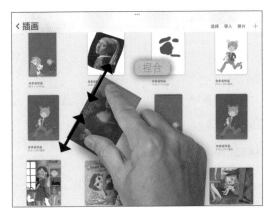

图 1.28

可以对作品进行多选，然后左右滑动画面进行浏览。

1.5.3 管理作品

在"图库"界面中，可以对作品进行管理操作。

点击作品下方的名称，可以给作品重新命名，向左滑动作品可打开操作菜单，对作品进行分享、复制和删除等操作，如图 1.29 所示。

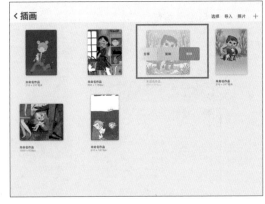

图 1.29

点击"选择"按钮，轻点作品名称，可以选择多个作品（被选中的作品名称左边将出现蓝色圆点），可以对多个作品进行成堆、预览、分享、复制和删除等操作，如图 1.30 所示。

　　在"图库"界面中，一个文件夹内可以放置多个作品，这个文件夹被称为"堆"。使用"堆"能更好地管理作品，可以给"堆"命名、解散堆等。

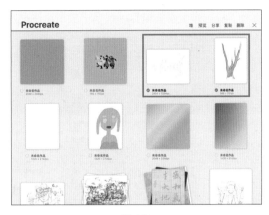

　　将作品成"堆"的方法有两种，一种是一次选择多个作品，然后点击"堆"按钮；另一种是将一个作品拖动到另一个作品上，系统会自动将两个作品叠加成"堆"。

　　解除"堆"的方法是在"堆"中选择一个或多个作品，将其拖动到左上角的"堆"名称上，系统自动跳到"图库"界面中，松开手指即可将作品重新丢回"图库"界面中。

图 1.30

　　注意："堆"是不可以叠加的。

1.5.4　导入与分享作品

　　在"图库"界面中，可以导入作品，还可以对作品进行分享。

　　点击"导入"按钮，打开导入窗口，可以从相册中导入作品，也可以从其他文件夹中导入作品。

　　选择一个或多个作品后，点击"分享"按钮，即可打开分享窗口，选择要分享的格式和终端，如将这些作品分享到 QQ 或微信中，如图 1.31 所示。

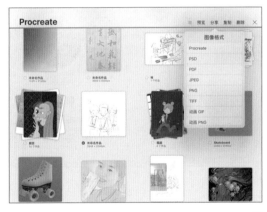

图 1.31

1.5.5　支持文件格式

　　Procreate 支持大部分主流图像格式（.procreate、PSD、JPEG、PNG、TIFF、GIF）、PDF 和 2 种 3D（OBJ、USDZ）文件格式。

　　除了上述格式，Procreate 还可以导出视频格式（GIF、MP4 和 HEVC）。

1.6　用 Procreate 创作第一幅作品

　　下面使用 Procreate 创作一幅作品，并将其发送给朋友。

　　启动 Procreate 软件，在"图库"界面中点击"+"按钮，打开"新建画布"窗口，点击■按钮，打开"自定义画布"窗口，在其中自定义尺寸，完成后点击"创建"按钮，如图 1.32 所示。

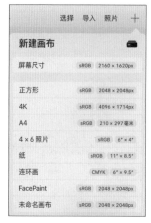

图 1.32

点击工具栏中的"画笔"按钮 ✏️，在弹出的"画笔库"窗口中选择笔刷，本例使用"Procreate 铅笔"笔刷，在界面左侧调整笔刷的尺寸和透明度。点击工具栏中的"颜色"按钮 ⚫，打开"颜色"界面，在色盘中选择灰色，如图 1.33 所示。

图 1.33

使用 Apple Pencil 在 iPad 上进行绘画，如图 1.34 所示。

图 1.34

　　绘制完成后，点击"图库"按钮回到"图库"界面，向左滑动作品的缩略图，选择"分享"选项。设置好图像格式后，选择要分享的媒介（如腾讯 QQ），如图 1.35 所示。

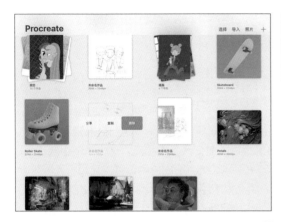 

图 1.35

　　在 QQ 的分享选项中可以选择发送给好友或分享到 QQ 空间，选择发送给好友即可完成分享操作，如图 1.36 所示。

图 1.36

知识点拨

　　Procreate 提供了多种方法分享作品的终端媒介和方法，可以发送单张或多张图片到 QQ、微信、短信、邮件等媒介，也可以将文件保存在 iCloud 云盘或百度云盘中，这取决于用户在 iPad 中所安装的终端软件。

第**2**章 ◄◄
Procreate 颜色、画笔和图层

Procreate 的颜色控制功能非常方便，主要使用调色盘来选取颜色，在画布中可直接进行颜色快选。通过颜色快充功能，即使线条不闭合也可以使用阈值来控制不封闭线条的填充，这个功能尚属首创；Procreate 之所以大受欢迎，主要得益于有无数种画笔笔刷可以延伸，笔刷的创造可以让画种无限延伸，无论是铅笔、毛笔还是钢笔和马克笔，利用 Procreate 的离散和颜色融合技术都可以模拟出国画、水彩、油画或素描，再加上可控性极强的图层功能，使用户可以像 Photoshop 那样灵活处理画面特效，提交绘画效率。

2.1 在 Procreate 中选取颜色

在 Procreate 中绘画时有多种选择颜色的方法，一种是在色盘中任意选择需要的颜色，也可以在已有的图片中吸取颜色，或者导入一个已有的配色色盘。图 2.1 所示为色盘。

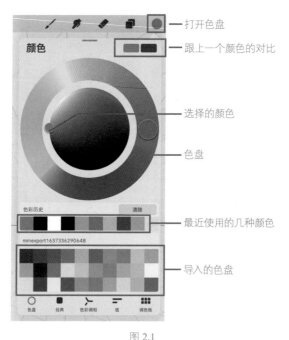

图 2.1

2.1.1 色盘

在色盘中有一个外围色环，用于进行色相选择，当确定了颜色的色相后，在中间的圆圈内可以对该色相进行进一步调整，横向为饱和度，纵向为明暗度，如图 2.2 所示。

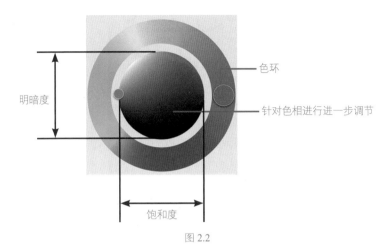

图 2.2

在选择某个颜色时，先确定色相，比如红色，此时圆圈内包含了红色色相的所有颜色，可以根据饱和度和明暗度进一步选择。比如要选择一个肤色，首先应该确定色相为红色，然后在圆圈内选择明度较高的红色，也就是浅粉红色，在浅粉红色基础上选择明度较高的区域即能得到肤色。在绘画过程中，由于肤色色系有不同的投影，所以还要在这个肤色基础上选择临近的颜色来绘图，如明暗度、饱和度不同的肤色。

2.1.2   经典选色器

经典选色器是一种使用色相、饱和度和明暗度参数来调色的调色盘，这是一种较为古老的调色方法，熟悉 Photoshop 软件的人对这种调色方法比较熟悉，如图 2.3 所示。

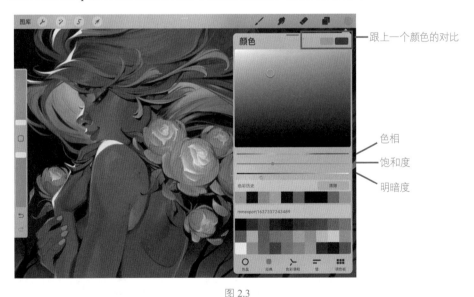

图 2.3

挑选完颜色后，只要轻点色彩面板以外的任意位置，即可关闭界面。

2.1.3   智能选色器

智能选色器是一种通过软件系统提供帮助的选色色盘。该色盘上分大圆和小圆，大圆是直接选择的颜色，旁边的小圆则是软件替用户完成的选色，如图 2.4 所示。

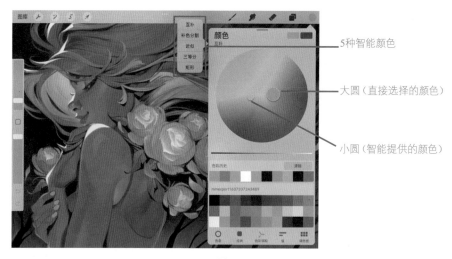

图 2.4

软件可以帮助用户选择 5 种智能颜色：互补、补色分割、近似、三等分和矩形。在"颜色"下方的下拉列表框中，可以选择要智能提供的颜色种类。

1. 互补

当选择一个颜色后，系统会在小圆内提供该颜色的补色。一般情况下，补色配色能够产生最大限度的色差，让画面更加醒目，然而补色并不是每个人都能够选准的，所以这个功能非常个性化。

2. 补色分割

与"互补"不同的是，"补色分割"功能可提供两个小圆，分别是暖色系和冷色系，这为用户提供了更加灵活的可选方案。

3. 近似

这种选择方式可以提供两个不同的颜色，分别比选中颜色更深和更浅，作为插画设计师，绘画时会考虑阴影处的颜色和高光下的颜色，智能调色盘给出了这两种快捷选择方式，帮助用户节省时间。

4. 三等分

这种选择方式与"补色分割"类似，提供两个小圆，不同的是系统提供的不是补色，而是同类色，目的是让用户能够选择更为丰富的颜色作画，而不是单一用一种颜色。

5. 矩形

其功能与"三等分"相同，提供多种同类色用于画面的表达，只是这里提供了 3 个同类颜色。图 2.5 所示为 5 种智能选色方案的对比效果。

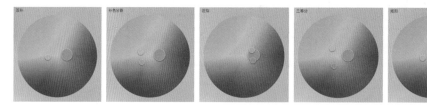

图 2.5

2.1.4　精准参数化颜色

有时候，设计师在设计作品时对颜色有特殊要求，而不是凭感觉和眼睛来分辨颜色。利用精准的

滑条控制色相 / 饱和度 / 亮度、红 / 绿 / 蓝，以及用十六进制输入数值，可以准确地选择颜色，如图 2.6
所示。

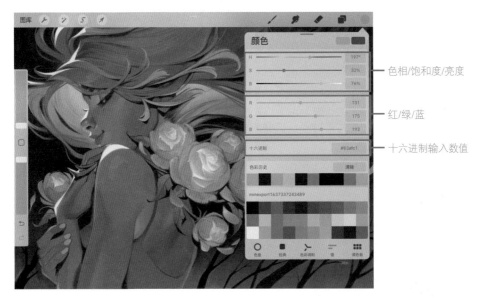

图 2.6

知识点拨

　　将 RGB 滑块全部设置为 0 时会获得纯黑色，全部设置为 255 时则呈现纯白色。要想调配正红、正
绿或正蓝色，只要将相应滑块设置为 255，并将另外两个原色滑块设置为 0 即可；要想调制如紫色的中
间色，可以将两个原色（红、蓝）滑块设置为最大，并将另一滑块（绿）设置为最小。

2.1.5　调色板选色

　　调色板是 Procreate 中最为独特的选色模块，在这里可以将用户最喜爱的色彩用色卡保存下来，
创建或导入别人的调色板，甚至还能从作品中自动生成调色板使用。调色板可以紧凑和大调色板模
式显示，在大调色板模式下，颜色将有自己的命名，这是 iPad OS 14 以上系统独特的色板显示功能，
如图 2.7 所示。

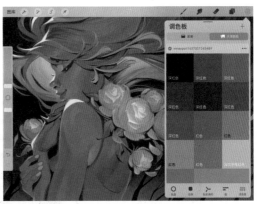

图 2.7

点击"+"图标，可以创建新的色板，还可以从相机、文件和照片中获取调色板。调色板还可以复制、删除或分享给别人，如图 2.8 所示。

图 2.8

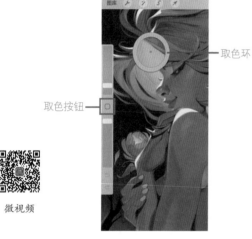

图 2.9

2.1.6 从作品中选择颜色

在画布中可以使用两种方法选择颜色，一种是长点画布，弹出一个取色环，相当于用 Photoshop 的吸管工具取色；另一种是点击界面左侧的取色按钮，同样会弹出取色环（和长点画布的效果一样），如图 2.9 所示。

2.2 Procreate 绘图工具

Procreate 软件界面的右上方是绘图工具区域，这里提供绘画所需的所有工具，分别为绘画、涂抹、擦除、图层和颜色，如图 2.10 所示。

绘画　　　涂抹　　　擦除　　　图层　　　颜色

图 2.10

当在画笔库中选择一个画笔后，"绘画" ✎、"涂抹" ✐ 和"擦除" ✐ 3 个工具将共用一个画笔。✎ "绘画"工具用于激活画笔，在画布中绘画。"绘画"列表框中有内置的上百种画笔库，通过选择各种画笔来模拟笔触，如毛笔、铅笔、蜡笔等效果。在这里可以管理画笔库、导入自定义画笔或分享个人画笔等。图 2.11 所示为一款商用画笔库。

图 2.11

2.2.1　载入新画笔库

载入一套新画笔库的操作方法如下。

点击画笔库右上方的"+"图标，打开"画笔工作室"界面，点击"导入"按钮，从资源浏览器中选择画笔文件即可，如图 2.12 所示。

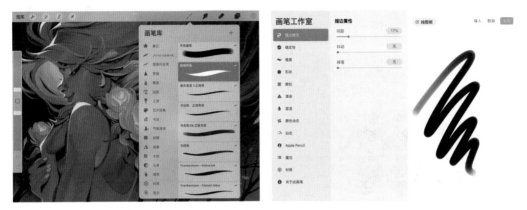

图 2.12

还有一种更简单的导入画笔库的方法，直接点击需要下载的画笔库文件（画笔库文件的扩展名是 .brushset），iPad 会自动弹出要打开的软件名称，选择 Procreate 软件即可自动导入，导入好的画笔库将在第一排显示，如图 2.13 所示。

图 2.13

2.2.2　选择画笔绘画

打开相应的画笔库，选择需要的画笔后就可以进行绘图了。利用左侧栏的两个调节按钮调整笔画的尺寸及透明度。在"画笔工作室"中还可以编辑现有笔刷设置（如压力或平滑度等参数）。试着用手指以不同的速度绘画，有些笔刷会根据不同的绘画手速展现不同的效果。使用 Apple Pencil 可以发挥笔刷的各项功能，如压感和倾斜度会影响笔画效果，从暗度、粗细度、不透明度、散布，甚至所创造的色彩都会改变，如同使用真实的铅笔或笔刷一样，如图 2.14 所示。

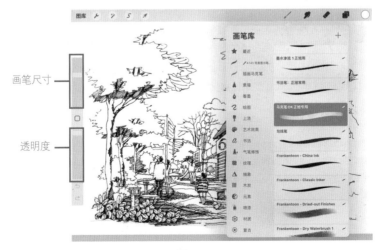

图 2.14

2.2.3 涂抹工具

"涂抹"工具🖊会根据不透明度设置呈现不同效果,可利用左侧栏增加不透明度来强化涂抹效果或降低以表现较细微的变化。

当用全力使用"涂抹"工具涂抹画面时,它将湿混颜色,快速地混合颜色的同时,能看到画布上的颜料有涂抹的痕迹。涂抹力度较轻时的涂抹效果较为柔和、柔顺,适合在创造渐层、光影揉合或涂抹铅笔图画时使用,如图 2.15 所示。

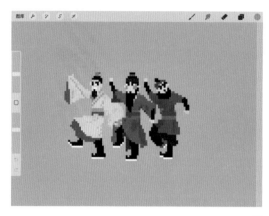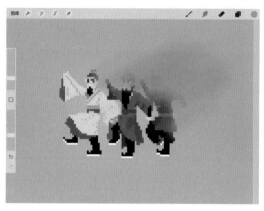

图 2.15

2.2.4 擦除工具

"擦除"工具🖊用于擦除错误、移除颜色、塑造透明区域等。可以利用左侧栏的不透明度按钮调整橡皮擦除的强度,从而创造半透明效果,如图 2.16 所示。

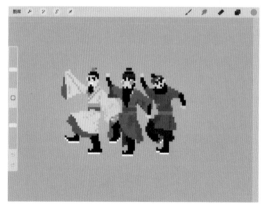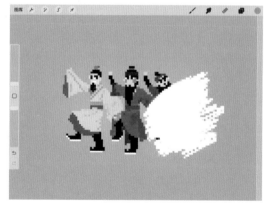

图 2.16

> **知识点拨**
>
> 绘画、涂抹和擦除可以分别指定不同的笔刷,如果想使用同一笔刷来绘图、涂抹和擦除画作时,轻点并长点尚未选定笔刷的绘画、涂抹或擦除图标,即可将当前的笔刷套用到该工具上。

2.2.5 保存画笔设置

对笔刷的尺寸和透明度的设置可以进行保存,以便绘画时节省时间,最多可以保存 4 次。

长点并拖动侧栏中的两个滑动键时，会弹出窗口提供预览笔刷尺寸和不透明度百分比，在预览窗口的右上角点击"+"图标，即可保存当前设置。

点击"+"图标后会在侧栏的相应滑动键中出现一条细线槽点，可供日后选择使用，如图 2.17 所示。

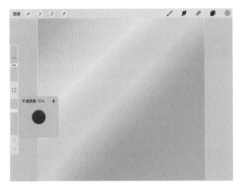 

图 2.17

可以为绘画、涂抹和擦除功能中的任何画笔应用此设置。若想删除一个槽点，轻点该槽点打开预览窗口，原先的"+"图标会变成"−"图标。轻点"−"图标即可删除槽点及其相应设置。

2.3　Procreate 画笔库

微视频

Procreate 的画笔库用于编辑、管理、分享并制作笔刷。轻点"绘画"按钮 ✏ 一次可以启用画笔工具，再次轻点可以打开"画笔库"界面，如图 2.18 所示。

图 2.18

23

2.3.1 画笔组

画笔库的左边面板中包含有不同风格分类的画笔组列表。在画笔组列表中滑动浏览，轻点一个画笔组后，在右半部会显示组里的笔刷；选定一个画笔组后，该组会蓝色高亮标示。

2.3.2 画笔

画笔库的右边面板中列出了当前选定画笔组中的所有可用画笔。可以轻点一个画笔组来浏览画笔，画笔列表中显示了每支笔刷的名称和笔画预览；可拖动清单来浏览、轻点一支画笔以选定，再轻点画布即可开始绘画。

2.3.3 画笔工作室设置

在画笔工作室设置界面可以对选中笔刷进行修改设置，也可以重新打造一支新笔刷。有两种方法进入画笔库，轻点画笔库右上角的"＋"按钮创建新笔刷，或轻点选中的笔刷以修改现有设置。在这里可以对笔刷的形状、颗粒、行为表现、颜色、反应、不透明度、锥度及其他选项进行全方位编辑。

画笔工作室界面分为属性参数列表、设置及绘图板 3 部分，如图 2.19 所示。

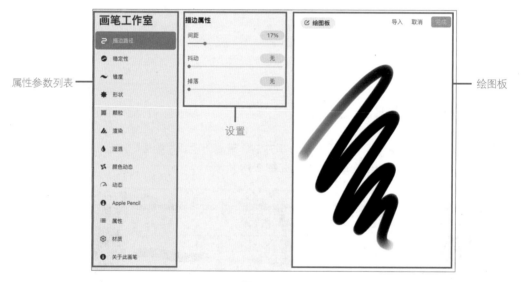

图 2.19

1. 属性参数列表

"画笔工作室"界面最左边的菜单中列出了 11 种属性，用于调整和创造独特的笔刷。可以调整笔刷的形状和颗粒、变更笔画的外形并调节 Procreate 与笔刷的互动渲染效果；可以变更动态属性来控制笔刷与下笔速度的反应，以及 Apple Pencil 的压力；可以添加湿混属性以改变笔刷在画布上移动颜料、调整 Apple Pencil 行为设置或为笔刷属性增添限制。

2. 设置

在该区域中可利用每个设置类别中的滑动键、开关和其他简易控制键来调整多种笔刷属性。从左侧菜单选择一个属性参数后，设置区域将显示出可调整的各种设置，每个属性所能调整的设置都不同。

3. 绘图板

在绘图板中可以预览调整的笔刷变化。当改变参数设置后，在绘图板中的图形就会更新显示调整的效果，可以尝试用笔在此区域进行笔刷涂鸦测试。

2.4　Procreate 画笔属性参数

微视频

　　"画笔工作室"界面中的大多数设置含有数值栏，它同时是进入高级画笔设置的按钮。轻点一个画笔工作室设置的数值参数，即可打开该窗口并对笔刷进行微调。

2.4.1　描边路径

　　用手指或 Apple Pencil 在屏幕上移动时，Procreate 通过路径计算来创造笔画的形状就是描边路径。描边路径通过变更间距、流线、抖动和笔画淡出速度等参数，来调整笔画的表现，如图 2.20 所示。

　　1. 间距

　　控制笔刷在路径上的密度。增加间距值会在画笔路径上出现空隙；降低间距值则会让笔刷的形状路径更加流畅。

图 2.20

　　2. 抖动

　　设置笔刷沿着路径绘制的随机偏移量。该值可控制画笔抖动的效果，关闭此功能则会得到没有抖动的平滑笔画；但有时需要模拟自然笔刷效果，如铅笔颗粒效果，并不需要特别平滑的计算机绘制效果。

　　3. 掉落

　　让下笔时的笔画完全可见并随着路径延伸而淡出。关闭此设置可以移除淡出效果，或设置快速淡出至透明的笔画效果。

2.4.2　稳定性

　　稳定修正功能可以让用户在绘画的同时让笔画平滑流畅，这让手绘线条比自然动作更为平直，如图2.21 所示。

　　1. 流线

　　流线设置可以自动将线条中的抖动和小瑕疵变得平滑顺畅，这里的参数对于上墨和手写笔刷特别重要，可通过"数量"和"压力"设置调节笔刷形态。

　　● 数量

　　提高该值可让笔刷效果平滑；降低或者关闭该值则能产生不平滑且更随机自然的线条。

　　● 压力

　　提高该值可让笔刷效果浓重；降低或者关闭该值则能让笔刷压力更快消失。

　　2. 稳定性

　　稳定性参数设置得越高，笔画越流畅，线条越平直。稳定性与笔画的下笔速度有关，运笔速度越快笔画越平滑。

　　3. 动作过滤

　　动作过滤参数可以让绘画过程中一些突然的抖动和笔画瑕疵得到有效修整或忽略。

　　● 数量

　　通过 Procreate 软件的稳定修正，该参数越高，越能去除笔画运行中特别突出的抖动和瑕疵。

因此，无论用什么速度绘制线条，都可以得到流畅平直的笔画。这也代表在画布上的笔画不会展现出手抖和震颤的笔画。

●表现

该值只有在"动作过滤"参数启用时起作用。动作过滤有效去除了笔画中的抖动，同时也让笔画显得太过平直流畅（产生计算机绘图的呆板效果），"表现"参数可以让笔画多一些手绘的感觉。

2.4.3 锥度

当用笔刷在画布上绘画时，"锥度"可以让笔刷在画布上有粗细变化，让绘画效果更自然、更接近真实画笔，如图 2.22 所示。

图 2.22

1. 压力锥度

配合"压力锥度"的调节，能手动延长笔刷起始和结尾的现有锥度，获得更真实的笔触。

●压力锥度滑块

将滑块往中间滑动可以调节锥度长度，可在笔画起始、结尾或为两者同时设置锥度。

●接合尖端尺寸

启用此功能时，调节压力锥度滑块的其中一端时会自动更新另一端。

●尺寸

控制锥度由粗变细时的渐变程度。

●不透明度

将尾端锥度淡出至透明。

●压力

配合 Apple Pencil 的压力反馈，产生反应更快的自然锥度，让线条尾端更快变细。

●尖端

该值较低时会让锥度表现得如同笔刷一样有着极细的笔头；该值较高时，笔刷的笔尖表现较粗。

● 尖端动画

当 Procreate 为笔画增添额外锥度时，可能通过开关此按钮来观看套用效果，或根据个人喜好关闭此按钮、隐藏动画预览。

2. 触摸锥度

该区域的参数用于控制手指触摸画布的笔画效果，参数含义与"压力锥度"相同（这里不再赘述）。

图 2.23

2.4.4　形状

在画布上轻点就能清楚看到画笔的形状。将图像导入至"形状来源"中，用以改变笔尖形状，并调节散布、旋转、频率、宽度和其他形状设置参数，如图 2.23 所示。

1. 形状来源

通过此工具，可导入自己的图像，并将其设置为画笔的基本形状。

● 编辑

点击"编辑"按钮可打开"形状编辑器"窗口，可从"照片"或"文件"中导入新形状、粘贴一个拷贝图像或进入 Procreate 的"源库"中选取一系列软件自带的默认形状，如图 2.24 所示。

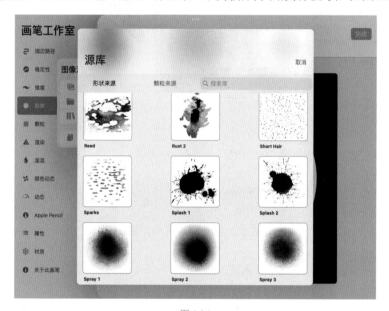

图 2.24

2. 形状行为

一个笔刷的形状可以通过轻按画笔（在画布上轻点一下）观察到，笔画则是由画笔形状沿着路径反复"印"在画布上形成的连续形状。在"形状行为"参数区域，可以设置形状的旋转、随机化或跟随 Apple Pencil 笔尖转换方向的动态。

● 散布

默认设置下，形状没有扩散效果，都是统一的方向，使用"散布"参数可以让画笔形状随机分布，参数越大随机效果越明显。

● 旋转

该参数设置在中间时（0%），形状方向不会根据笔画方向而变化；设置为 100%（滑块最右方）时，形状会随笔画方向旋转；设为 -100%（滑动键最左方）时形状会随笔画方向呈反方向旋转。

● 个数

该参数可设置形状多次印到同一个位置的次数，最多可重复印 16 次。此功能在配合"散布"设置下最能体现出效果，因为在同一点印上的多个形状会以不同方向随机旋转。

● 个数抖动

设置笔刷喷溅在一个位置的随机效果。

● 随机化

在笔画开始时随机旋转形状的时候，激活该选项可让每一个笔画都与前一个笔画不一样，创造出更自然的笔画效果，如图 2.25 所示。

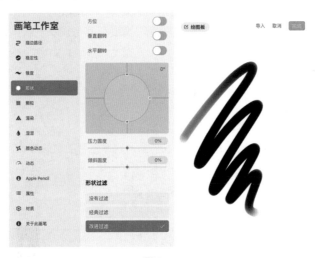

图 2.25

● 方位

激活该选项可让 Apple Pencil 在旋转时产生出手写的效果。

● 水平 / 垂直翻转

水平或垂直翻转形状用于创造多元而自然的笔画效果。

● 笔刷圆度图表

拖动圆形周边的绿色节点可改变形状的基本旋转方向，拖动蓝色节点可挤压形状。

● 压力圆度

根据 Apple Pencil 上施压的压力来挤压形状。

● 倾斜圆度

根据使用 Apple Pencil 的倾斜度来挤压形状。

3. 形状过滤

"形状过滤"用于调节抗锯齿效果（控制图像引擎如何处理形状边缘），包含没有过滤、经典过滤和改进过滤 3 个选项。

2.4.5　颗粒

"颗粒"区域的参数与"形状"比较类似，主要控制画笔形状中颗粒的抖动、选择、随机频率等属性，如图 2.26 所示。

图 2.26

2.4.6　湿混

通过"稀释""支付""攻击"或"拖拉长度"等属性控制画笔的混色特征，如图 2.27 所示。

图 2.27

1. 稀释

设置画笔上的颜料混合多少水分。

2. 支付

设置在下笔时笔刷含有多少颜料。如同现实中的画笔一样，在画布上拖拉笔画越长，画布上就会留下越多的颜料，而当笔刷上的颜料快用尽时，颜色的痕迹就会越来越淡。

3. 攻击

调节颜料粘在画布上的量。较高的参数能让整个笔画有更加浓厚的颜料效果。

4. 拖拉长度

设置画笔在画布上拖拉颜料的强度，该属性适合用来创造自然混合、拖拉颜色的效果。

5. 等级

设置笔刷纹理的厚重度和对比度。

6. 模糊

调整画笔在画布上对颜料添加的模糊程度，以及下笔后此模糊效果的晕染程度。

7. 模糊抖动

设置模糊的随机范围。

8. 湿度抖动

设置水分与颜料的混合效果，从而产生更为写实的效果。

> **知识点拨**
>
> 　　有时调整设置后，可能会发现笔刷似乎没有改变，此时可以尝试调整其他设置，尤其是周边设置，因为有些设置会与其他控制互相抵消。

2.5　笔刷的操作

在"画笔工作室"中，可以将大量的笔刷成组、导入或删除，甚至可以创建自己专用的笔刷库，如"厚涂笔刷组""水彩笔刷组"或"常用万能笔刷组"等。

2.5.1 自定义画笔组

自定义画笔组可以更方便地组织管理笔刷。将画笔组列表往下拉，点击蓝色的"+"按钮，即可创建一个新画笔组。

轻点自定义画笔组，即能看到选项菜单显示"重命名""删除""分享"和"复制"按钮，可以对该组进行相应的操作，如图 2.28 所示。

拖动一个笔刷可以将该笔刷放置到其他画笔组中，向左滑动笔刷，会出现"删除""分享"和"复制"按钮，可以对该笔刷进行相应的操作，如图 2.29 所示。

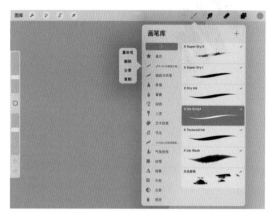
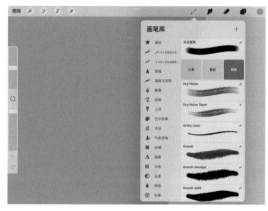

图 2.28   图 2.29

2.5.2 创建拥有自己命名和版权的笔刷

当拥有了一个自己习惯使用的笔刷，或者是自己的笔刷后，希望给这个笔刷进行命名并签名（拥有自己的版权），在 Procreate 中可以进行以下操作。

双击一个笔刷，打开"画笔工作室"，进入"关于此画笔"界面，在这里可以给笔刷命名，还可以给笔刷签上名字、附上头像及手写签名，如图 2.30 所示。

图 2.30

1. 画笔名称

轻点当前的笔刷名称激活屏幕键盘，输入新名称后轻点键盘"确认"键。

2. 个人头像

轻点灰色人像打开"图像源"选项，可以从"相机"中进行拍摄，或从"照片"中载入相册中的已有图片。

3. 制作者名称

轻点"制作者"后方暗灰色的输入栏，激活屏幕键盘，为自己的创作输入名称。

4. 创建日期

此笔刷创建的日期及时间；Procreate 会自动记录本信息。

5. 签名

在虚线上使用手指或 Apple Pencil 签名。

6. 创建新重置点

当对目前的笔刷设计感到满意，但还想继续试验其他设置时，可以保存该设置。

7. 重置画笔

若是使用默认画笔，重置当前的所有设置，回到默认画笔的状态。

> **知识点拨**
>
> 　　在修改一个笔刷时，建议先复制一个相同的笔刷再进行修改，不要在原来的笔刷上进行修改，否则修改失败后就找不回原来的设置了。

2.6　图层的操作

用过 Photoshop 软件的人都知道"图层"这个概念，Procreate 也同样有图层，每一个图层就好像一个透明的"玻璃"，而图层内容就画在这些"玻璃"上，如果"玻璃"什么都没有，就是一个完全透明的空图层，当各个"玻璃"都有图像时，自上而下俯视所有图层，从而形成图像的最终显示效果。由此可见，一个分层的图像文件是由多个图层叠加而成的，如图 2.31 所示。

微视频

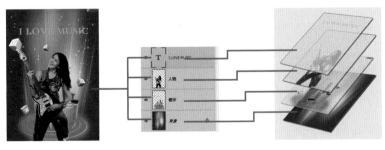

图 2.31

2.6.1　"图层"面板

"图层"面板用于编辑分层的作品，在其中可以对图层进行移动、拷贝复制、编辑或调合不同效果。点击工具栏的"图层"按钮 ，打开"图层"界面，如图 2.32 所示。

图 2.32

1. 新增图层

在图层列表中点击"+"图标可以新增一个图层,新增的图层位于当前选择图层之上。

2. 隐藏图层/可见图层

选择该复选框则图层可见,反之则该图层被隐藏。

3. 选定图层

当选定一个图层时,该图层以蓝色高亮显示,所绘制的内容将在被选定图层上,第二次轻点该图层,会弹出编辑菜单。

4. 图层缩略图

显示当前图层的内容,当背景透明时,显示浅色方格。

5. 图层名称

默认是系统定义的名称,可以为图层进行命名,以方便对图层进行组织。

6. 混合模式

点击该按钮可打开混合模式窗口,给图层赋予多种混合方法,或设置图层的透明度。

7. 背景图层

每个 Procreate 文件都自带一个背景颜色图层,轻点此图层可以改变背景颜色。

2.6.2 图层的组织

在"图层"面板中可以对图层进行建立、复制、删除和成组等操作。

轻点一个图层,该图层以蓝色高亮显示,向右滑动该图层打开图层选项(显示锁定、复制和删除按钮,可对图层进行相应操作)。

如果要多选图层,向右滑动其他图层,被选择图层将以浅蓝色高亮显示,可以同时对这些图层进行删除、移动和旋转等操作,如图 2.33 所示。

用两指捏合可以将选择的多个图层合并,也可以点击"图层"面板右上角的"组"按钮,将多个图层成组,如图 2.34 所示。

图 2.33

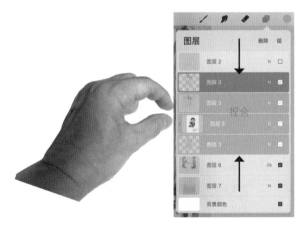

图 2.34

2.7　图层选项

在图层选项菜单中可以对图层进行重命名、选择、拷贝、填充图层、清除等操作，图层选项菜单中的蒙版工具非常强大，可以进行阿尔法锁定、蒙版、参考、合并等操作。轻点图层，就会打开相应的图层选项菜单，如图 2.35 所示。

2.7.1　重命名

新增图层时，系统会自动给新图层以递增数字作为默认图层名称，如图层 1、图层 2、图层 3 等；可以为

图 2.35

它们重新命名，更方便地查找内容。

选择图层选项菜单中的"重命名"选项，系统将弹出软键盘输入，输入图层名称后，按键盘上的确认键或轻点画布其他任意处，退出键盘界面即可。

2.7.2 选择

该操作将选取该图层中不透明的内容（已绘画的部分）。选择"选择"选项后，选区外的部分会以动态斜对角虚线显示。在选区内可进行各种操作，如绘画、变形变换、复制拷贝、羽化、清除和其他功能。

如果想取消选择，点击界面左上角的 Ⓢ 按钮即可。

2.7.3 拷贝、填充图层、清除、反转

"拷贝"选项就是将图层中的内容复制到剪贴板中；"填充图层"选项是将当前颜色填充到当前图层中，如果有选择区域则将颜色填充到选择区域中，如果没有选择区域则将颜色填充到整个图层中；"清除"选项是将选中区域的内容清空，没有选择区域则将整个图层的内容清空；"反转"选项是将图层中的颜色反转，反转后的颜色将被它的相对互补色取代。

2.7.4 阿尔法锁定

阿尔法锁定功能非常有用，选择该选项后，该图层的透明区域将被锁定，进行的所有绘画都将在未锁定区域进行，这样可以有效保护透明区域不被涂抹。

选择"阿尔法锁定"选项后，透明区域以浅色方块显示，如图 2.36 所示。

图 2.36

> **知识点拨**
>
> 用两指向右滑动被选择图层，则会激活"阿尔法锁定"选项，再次向右滑动则关闭该选项，这是一个快捷方式。

2.7.5 蒙版

选择"蒙版"选项后，将在被选择图层上方新建一个子级蒙版图层，可以在蒙版上改变父级图层的外观而不对其造成毁灭性影响，可以用来试验各种颜色及效果。下面举个例子来说明其具体用法。

（1）打开一个分层图片，选择人物的丸子发髻图层（图层 5），这里要将人物头上的两个"丸子发髻"抹掉，如图 2.37 所示。

（2）轻点该图层，在弹出的菜单中选择"蒙版"选项，此时丸子发髻图层上方会产生一个"图层蒙版"，如图 2.38 所示。这个图层已经捆绑在了它下面的父级图层上（可以试着移动任意一个图层的顺序，另一个也会始终跟着一起移动，这就是丸子发髻图层的专属蒙版）。

图 2.37

图 2.38

（3）使用黑色涂抹图层蒙版，将丸子发髻抹掉，如图 2.39 所示。此时会发现图层蒙版中只识别黑白灰。这是因为蒙版是以透明度的方式来显示父级图层中的内容，黑色代表透明度为 0%（不透明），纯白色代表透明度为 100%（完全透明）。

（4）使用不同深度的灰色涂抹图层蒙版，抹掉丸子发髻区域，将产生半透明效果，这就是蒙版的用处，如图 2.40 所示。该操作并没有直接破坏父级图层，而是通过更改图层蒙版上的黑白灰来显示下面的父级图层。

图 2.39

图 2.40

2.7.6　剪辑蒙版

剪辑蒙版功能可读取下方的图层作为通道。剪辑蒙版的用法比蒙版更加灵活，它不与父级图层捆绑，可以随意移动图层的顺序。当它移动到某图层上方时，它就作用于其下面的那个图层。而且剪辑蒙版不像蒙版那样只用黑白灰来处理透明度，剪辑蒙版是通过下方图层的透明度来叠加出效果。下面通过一个案例来介绍其具体用法。

（1）继续上一个例子，在网页中下载一个花纹图片到 iPad 相册中，点击 按钮，选择"添加"选项，在相册中导入下载的花纹图片，将其移动到人物的红色衣服图层上方（图层 9），如图 2.41 所示。

（2）轻点花纹图片图层，在弹出的菜单中选择"剪辑蒙版"选项，此时花纹已经嵌入红色衣服上，剪辑蒙版的用法就是将下面图层的不透明通道应用于上面的图层中。点击图层名称右边的 按钮，打开图层混合选项，设置不透明度为 42%，设置混合模式为"点光"（类似 Photoshop 的混合模式用法），将服装和花纹混合在一起，如图 2.42 所示。

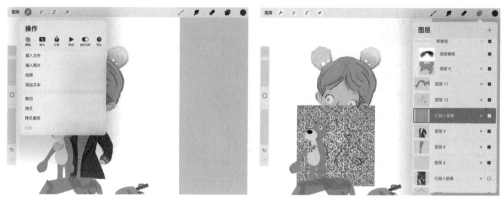

图 2.41

图 2.42

2.7.7 参考

"参考"是一个便捷功能，用于将线稿和上色稿分开，便于绘画者创作。下面举个例子来进行说明。

（1）在画布中绘制线稿，如图 2.43 所示。轻点该图层，选择"参考"选项，如图 2.44 所示。

图 2.43   图 2.44

（2）在线稿图层上方新建一个透明图层，如图 2.45 所示，以线稿为依据进行填色，此时颜色快填功能将根据线稿的边界进行填充，线稿层和填色层是分开的，如图 2.46 所示。

图 2.45

图 2.46

　　颜色快填功能是一个快速填色的操作，将界面右上角的色盘图标拖动到画布的一个区域，即可实现"填充"动作。

2.7.8　向下合并、向下组合

　　"向下合并"选项用于将图层与图层之间进行合并；"向下组合"选项用于将图层与图层之间进行成组。如果想将一组图层合并，使用捏合手势即可将两个图层之间的多个图层进行合并，如图 2.47 所示。

图 2.47

2.8　图层混合模式

　　图层的混合模式可以将两个图层的色彩值紧密结合在一起，从而创造出大量的效果。混合模式在 Procreate 中的应用非常广泛，正确、灵活地使用各种混合模式，可以为图像效果锦上添花。

　　点击图层名称右边的 N 按钮，打开图层混合选项，可以看到除了透明度滑块，Procreate 还有多达 26 种图层混合模式可用，如图 2.48 所示。

图 2.48

　　正常：编辑或绘制每个像素，使其成为结果色。这是默认的模式，如图 2.49 所示。

　　变暗：查看每个通道中的颜色信息，并选择基色或混合色中较暗的颜色作为结果色。将替换比混合色亮的像素，而比混合色暗的像素保持不变，如图 2.50 所示。

　　正片叠底：查看每个通道中的颜色信息，并将基色与混合色进行正片叠底。结果色总是较暗的颜色。任何颜色与黑色正片叠底将产生黑色，任何颜色与白色正片叠底将保持不变，如图 2.51 所示。

　　颜色加深：查看每个通道中的颜色信息，并通过增加对比度使基色变暗以反映混合色。与白色混合后不产生变化，如图 2.52 所示。

　　线性加深：查看每个通道中的颜色信息，并通过降低亮度使基色变暗以反映混合色。与白色混合后不产生变化，如图 2.53 所示。

图 2.49　　　　　　　　　　　　图 2.50

图 2.51　　　　　　　　图 2.52　　　　　　　　图 2.53

深色：比较混合色和基色的所有通道值的总和并显示值较小的颜色。"深色"不会生成第三种颜色（可以通过"变暗"混合获得），因为它将从基色和混合色中选取最小的通道值来创建结果色，如图 2.54 所示。

变亮：查看每个通道中的颜色信息，并选择基色或混合色中较亮的颜色作为结果色。比混合色暗的像素被替换，比混合色亮的像素保持不变，如图 2.55 所示。

滤色：查看每个通道的颜色信息，并将混合色的互补色与基色进行正片叠底。结果色总是较亮的颜色。用黑色过滤时颜色保持不变，用白色过滤将产生白色。此效果类似于多个摄影幻灯片在彼此之上投影，如图 2.56 所示。

图 2.54　　　　　　　　图 2.55　　　　　　　　图 2.56

　　当图层使用了滤色（以前称为"屏幕"）模式时，图层中纯黑的部分变成完全透明，纯白部分变成完全不透明，其他颜色根据颜色级别产生半透明的效果。

　　颜色减淡：查看每个通道中的颜色信息，并通过降低对比度使基色变亮以反映混合色。与黑色混合则不发生变化，如图 2.57 所示。

　　线性减淡（添加）：与"线性加深"模式的效果相反。通过增加亮度来减淡颜色，亮化效果比"滤色"和"颜色减淡"模式都强烈，如图 2.58 所示。

　　浅色：比较混合色和基色的所有通道值的总和并显示值较大的颜色。"浅色"不会生成第三种颜色（可以通过"变亮"混合获得），它将从基色和混合色中选取最大的通道值来创建结果色，如图 2.59 所示。

图 2.57　　　　　　　　　　图 2.58　　　　　　　　　　图 2.59

　　覆盖：对颜色进行正片叠底或过滤，具体取决于基色。图案或颜色在现有像素上叠加，同时保留基色的明暗对比。不替换基色，但基色与混合色相混以反映原色的亮度或暗度，如图 2.60 所示。

　　柔光：使颜色变暗或变亮，具体取决于混合色。此效果与发散的聚光灯照在图像上相似。如果混合色（光源）比 50% 灰色亮，则图像变亮，就像被减淡了一样。如果混合色（光源）比 50% 灰色暗，则图像变暗，就像被加深了一样。使用纯黑色或纯白色绘画时，会产生明显变暗或变亮的区域，但不会出现纯黑或纯白色，如图 2.61 所示。

　　强光：对颜色进行正片叠底或过滤，具体取决于混合色。此效果与耀眼的聚光灯照在图像上相似。如果混合色（光源）比 50% 灰色亮，则图像变亮，就像过滤后的效果，这对于向图像添加高光非常有用。如果混合色（光源）比 50% 灰色暗，则图像变暗，就像正片叠底后的效果，这对于向图像添加阴影非常有用。使用纯黑色或纯白色绘画时会出现纯黑或纯白色，如图 2.62 所示。

图 2.60　　　　　　　　　　图 2.61　　　　　　　　　　图 2.62

亮光：通过增加或减小对比度来加深或减淡颜色，具体取决于混合色。如果混合色（光源）比50% 灰色亮，则通过减小对比度使图像变亮。如果混合色比 50% 灰色暗，则通过增加对比度使图像变暗，如图 2.63 所示。

线性光：通过减小或增加亮度来加深或减淡颜色，具体取决于混合色。如果混合色比 50% 灰色亮，则通过增加亮度使图像变亮。如果混合色比 50% 灰色暗，则通过减小亮度使图像变暗，如图 2.64 所示。

点光：根据混合色替换颜色。如果混合色（光源）比 50% 灰色亮，则替换比混合色暗的像素，而不改变比混合色亮的像素。如果混合色比 50% 灰色暗，则替换比混合色亮的像素，而比混合色暗的像素保持不变。这对于向图像添加特殊效果非常有用，如图 2.65 所示。

图 2.63　　　　　　　　　　图 2.64　　　　　　　　　　图 2.65

实色混合：如果当前图层中的像素比 50% 灰色亮，会使底层图像变亮；如果当前图层中的像素比 50% 灰色暗，则会使底层图像变暗。该模式通常会使图像产生色调分离效果，如图 2.66 所示。

差值：查看每个通道中的颜色信息，并从基色中减去混合色，或从混合色中减去基色，具体取决于哪个颜色的亮度值更大。与白色混合将反转基色值；与黑色混合则不产生变化，如图 2.67 所示。

排除：色相：用基色的明亮度和饱和度，以及混合色的色相创建结果色，如图 2.68 所示。

图 2.66　　　　　　　　　　图 2.67　　　　　　　　　　图 2.68

减去：可以从目标通道的相应像素上减去源通道中的像素值，如图 2.69 所示。

划分：查看每个通道中的颜色信息，从基色中划分混合色，如图 2.70 所示。

色相：将当前图层的色相应用到底层图像的亮度和饱和度中，可以改变底层图像的色相，但不会影响其亮度和饱和度，对于黑色、白色和灰色区域，该模式不起作用，如图 2.71 所示。

图 2.69　　　　　　　　　　　图 2.70　　　　　　　　　　　图 2.71

饱和度：用基色的明亮度和色相，以及混合色的饱和度创建结果色。在灰色的区域上使用此模式绘画时不会发生任何变化，如图 2.72 所示。

颜色：用基色的明亮度，以及混合色的色相和饱和度创建结果色。这样可以保留图像中的灰阶，并且对于给单色图像上色和给彩色图像着色都会非常有用，如图 2.73 所示。

明度：将当前图层的亮度应用于底层图像的颜色中，可改变底层图像的亮度，但不会对其色相与饱和度产生影响，如图 2.74 所示。

图 2.72　　　　　　　　　　　图 2.73　　　　　　　　　　　图 2.74

2.9　文字的添加

微视频

作为一个图形图像软件，文字是不可或缺的重要功能，Procreate 同大多数软件一样，可以输入文字并设置文字的字体、样式、颜色及对文字内容进行更改。当需要对文字进行扭曲变形、模糊等操作时，文字图层将自动转换成图形模式（栅格化），这样图层的文字将从矢量转变为像素，不能对其进行字节输入和字体更改操作。下面通过一个小实例来认识 Procreate 的文字功能。

（1）点击 ✏ 按钮打开"操作"面板，选择"添加" ⊞ 界面下的"添加文本"选项，如图 2.75 所示。此时系统会自动添加一个文字图层，如图 2.76 所示。

图 2.75　　　　　　　　　　　　　　　　　图 2.76

（2）此时画布下方会有一个文字简易面板，点击"键盘"按钮 ⌨ 打开简易键盘，输入文字内容，如图 2.77 所示。点击"字效"按钮 Aa 打开"字效"面板，在这里可以像 Word 软件一样更改字效，如图 2.78 所示。

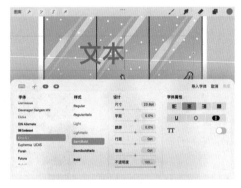

图 2.77　　　　　　　　　　　　　　　　　图 2.78

知识点拨

　　Procreate 中有几十种内置的字体，都是 iPad 自带的，也可以导入自己喜欢的字体，包括中文字体。Procreate 支持导入 TTC、TTF 和 OTF 格式文件。

　　点击"导入字体"按钮后，系统会打开文件浏览器，选择下载的字体，将会在 Procreate 的字体列表框中看到刚才导入的字体，如图 2.79 所示。

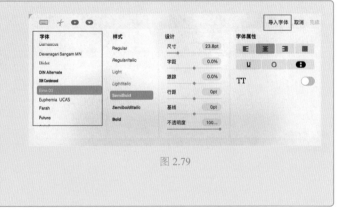

图 2.79

（3）打开"图层"面板会看到刚刚新建的文本图层，当图层是矢量图层时（可编辑文本内容），该图层缩略图显示斜体大写 *A*，如图 2.80 所示。如果需要给文字图层添加模糊等特效，则应将文字转换成像素模式，轻点图层，在弹出的菜单中选择"栅格化"选项即可，如图 2.81 所示。

图 2.80

图 2.81

（4）有时不必专门对图层进行"栅格化"操作，当使用模糊或变形操作时，系统自动会将文字图层转换为像素图层，但这往往会让初学者误将矢量图层栅格化。点击"选择"按钮 可以移动文字的整体位置，此时画布下方会出现变形操作面板，可尝试用各种弯曲工具对文字图层进行变形操作，如图 2.82 所示（执行完成后，图层被自动栅格化处理，此时将无法再对文字进行输入更改）。栅格化后的图层可以像普通图层一样进行任何绘画操作，如涂抹、擦除或添加滤镜等，如图 2.83 所示。

图 2.82

图 2.83

2.10　图层的复制、粘贴和剪切操作

微视频

在 Procreate 中使用三指手势向下滑动画布，即可打开"拷贝并粘贴"菜单，其中有 6 个实用的图层必备选项，如图 2.84 所示。

（1）剪切：剪切一个图层或选区。

使用该命令将移除文件上的选区并将其存储于剪贴板中，随后即可在当前画布或 Procreate 内的其他画布上，甚至其他应用中任意粘贴该选区物件。

（2）拷贝：复制一个图层或选区。

"拷贝"与"剪切"的使用方式相同，但不会将该选区从原文件上移除。

（3）全部拷贝：复制整个画布。

　　"拷贝"与"剪切"的操作只影响一个图层，而"全部拷贝"则会将画布里的所有可见图层拷贝合并为一个平面图像。

　　（4）拷贝：拷贝图层内容或当前选区并建立一个新图层。

　　此功能将拷贝一个图层中的内容或当前选区，在不改变原物件内容的情况下将拷贝的内容粘贴为一个新的图层。

　　（5）剪切并粘贴：一键完成"剪切并粘贴"功能。

　　把图层上或当前选区的内容剪切下来，从原图层上移除该内容并在新图层上粘贴。

　　（6）粘贴：将剪切或拷贝的图像丢放到另一个文件或应用中。

　　在剪切或拷贝图像数据后，通过"粘贴"命令可将内容放到当前画布的其他位置或其他画布上，也可以粘贴到其他兼容应用软件中，如邮箱或聊天工具。

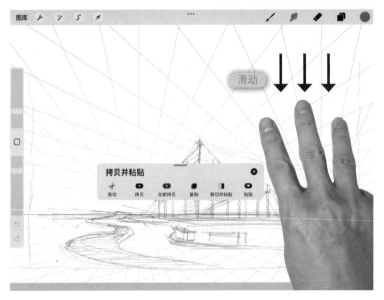

图 2.84

第 3 章

Procreate 画面控制

由于 Procreate 能够方便快捷地对画面进行控制，目前几乎成为所有插画师的首选，在手绘方面，Procreate 已经可以与手绘数位板的功能相媲美了，甚至在便捷性上无出其右，因为平板绘画更大的好处是适合初学者，初学者不用像适应手绘数位板手眼分离的绘画模式那样无所适从，而平板屏幕则是所绘即所得。

3.1 绘图指引和辅助

微视频

在 Procreate 中绘画时可以设置一些辅助线，用以帮助用户进行创作。点击 🔧 按钮打开"操作"面板，在"画布" 🎛 界面中激活"绘图指引"选项，如图 3.1 所示，这样就打开了辅助线模式。

点击"编辑绘图指引"选项，打开"绘图指引"面板，如图 3.2 所示，这里有不同的参考线显示方式，可以设置不透明度、参考线的粗细或网格的间隔距离，如图 3.3 所示。

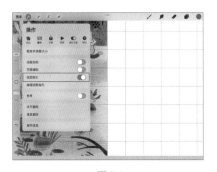

图 3.1

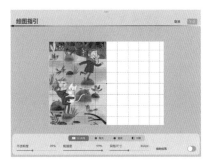

图 3.2

"透视"是一种通过放置"灭点"的方法来设置一点透视、两点透视或三点透视的参考线，这对于场景绘图而言非常有帮助，如图 3.4 所示。

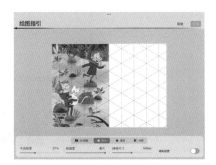

图 3.3

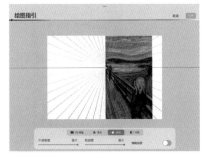

图 3.4

  "辅助绘图"选项处于关闭状态时，透视参考线仅给用户提供视觉上的参考，如图 3.5 所示。如果激活"辅助绘图"选项，则绘画时线条将自动吸附到参考线上，相当于为用户提供了标尺辅助功能，如图 3.6 所示。

图 3.5   图 3.6

  "对称"以横竖坐标的对称网格显示，不但可以作为参考线，还能够让画笔以对称方式绘图。对称方式有垂直、水平、四象限和径向 4 种模式，如图 3.7 所示。移动中键的原点可以重新放置对称中心点，如图 3.8 所示。

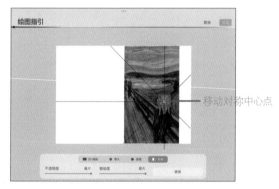

移动对称中心点

图 3.7   图 3.8

  "辅助绘图"选项默认是激活的，绘画时可以对称方式描绘，如图 3.9 所示，"辅助绘图"选项开关在菜单快捷菜单中也有显示，如图 3.10 所示。如果关闭"辅助绘图"选项，则辅助线仅以参考线方式存在。"轴向对称"选项是将绘画以每个轴为对称参考进行镜像，这里不再赘述。

图 3.9   图 3.10

3.2　速创形状

　　一般情况下，如果绘画者没有经过系统训练，画出的线条和弧线都是抖动的，在 Procreate 中有一种功能，当用户画出一条线或一个封闭形状后不要将画笔离开画布，停留一秒后系统将自动对画出的形状进行软件校正，从而产生完美弧线、直线或折线，这个造型就是速创形状，如图 3.11 所示。速创形状可以进行编辑，如方形可以设置成正方形，圆形可以拖动节点重新定义弧度，如图 3.12 所示。

图 3.11

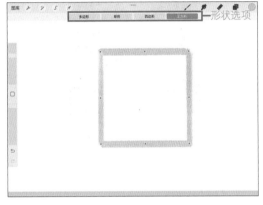

图 3.12

知识点拨

　　如果创建的形状不平均，画笔长点时用另一只手指按住画布不放，这样操作可将长方形变成正方形、椭圆形变成正圆形或把不对称的三角形转变为等边三角形。

　　想要缩放或旋转速创形状，首先保持手指长点，然后拖动手指来调整线条或形状的大小及方向即可。如果想要用精准角度旋转形状，在拖动形状时将另一只手指置于画布上，能够以增减 15° 角的方式精准旋转形状。

3.3　Procreate 的基础选择方法

　　在图形图像软件中，选择区域是比较重要的一项操作。绘画时，非选择区域相当于受到了保护，所有的绘画和编辑行为都只能在选区中进行，这就是计算机绘图与传统绘画的区别。

　　点击"选择"按钮，打开"选择"面板，这里有自动、手绘、矩形和椭圆 4 种选择方法，能够让用户对选区有足够的可控性，如图 3.13 所示。

图 3.13

"自动"选择模式类似于 Photoshop 中的魔棒选择工具，只要在画布上轻点即可瞬间选择图层上的物体轮廓，这种选择方式是以临近色为依据进行选择的。

点击"自动"按钮，轻点白色背景，如图 3.14 所示（选中区域之所以是黑色，是因为自动选择模式以选中色的补色呈现）。可以看到，由于白色背景不是很纯净，所以并没有被完全选中。此时向右滑动画布，就会增加选择阈值，也就是增加白色的容差度，直到背景全部被选择，如图 3.15 所示。这就是"自动"选择模式的用法。

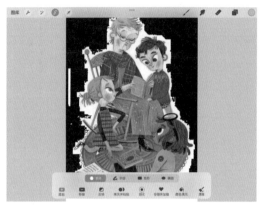
图 3.14

图 3.15

"手绘"选择模式是使用画笔进行选取绘制，凡是处于画笔圈中的区域即为选区。这种选择方法可以连续圈选，也可以用多边形方式圈选，如果想封闭选区，点击虚线起始点的灰色圆点即可完成选择，如图 3.16 所示。

图 3.16

"矩形"和"椭圆"选择模式是使用方形和圆形选择方式来框选。在 4 种选择模式下方有 8 个选项，用于对选区加选、减选、反转、羽化和清除；"拷贝并粘贴"是一个快速将选区内的图形进行复制的快捷工具，"颜色填充"是在选区中快速填充当前色盘颜色的快捷工具（也可以像自动选择一样进行阈值滑动），这些功能非常简单，这里不再赘述。

3.4　Procreate 的高级选择方法

在 Procreate 中,有几个鲜为人知的选择方法,运用好了可以大幅提高绘画速度。

长点"选择"按钮⑤,系统会载入上一次使用的选区,系统有记忆功能,载入选区后可以对当前选区进行进一步编辑。

使用"选择"面板下方的"存储并加载"功能,可以将选区进行保存,以备日后加载。

可以在图层上用两指长点快捷选择,配合羽化工具能获得比较好的选择效果。

在图层菜单中选择"选择"选项,可以立刻加载该图层的图形选择区域,这是一个快捷操作,如图 3.17 所示。

图 3.17

3.5　Procreate 画布的裁剪和缩放

在 Procreate 中可以自由裁剪画布及缩放画布的尺寸,裁剪就是将一幅画截取局部或扩展画布边缘让尺寸更大,缩放就是将画布进行按比例放大或缩小。

点击🔧按钮打开"操作"面板,在"画布"🖼界面选择"裁剪并调整大小"选项,此时画布将进入裁剪状态,可以拖动边界框自由裁剪画布,也可以在"设置"面板中对画布进行精准设置,如图 3.18 所示。

激活"画布重新取样"选项,比例锁定链接将自动启动,便于重新调整画布尺寸时确保留有原始的宽高比例;利用"旋转"滑块可以调节画面的旋转角度。

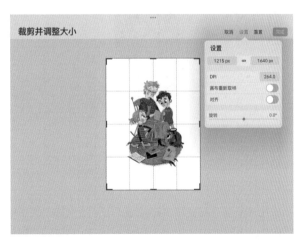

图 3.18

3.6 Procreate 的变换工具

Procreate 的变换工具有三大类，第一类是位移、旋转和缩放等基本操作，第二类是变形操作（自由变换、等比变形、扭曲和弯曲等），第三类是便捷工具，包括对齐、水平垂直翻转、按 45°角旋转、符合画布和差值等，这些变换都是调节像素的位置。

点击 按钮，打开变换工具面板，此时当前图层默认被选择，图形周围有缩放节点和旋转节点，如图 3.19 所示。

按住图形并拖动可以执行移动操作，拖动旋转节点可以对图形进行旋转，利用变换工具面板下方的"水平反转""垂直反转"和"旋转 45°"选项可以对图形进行相应的快捷旋转操作，如图 3.20 所示。在"自由变换"模式下，拖动任意缩放节点都可对图形进行任意比例缩放，如图 3.21 所示。

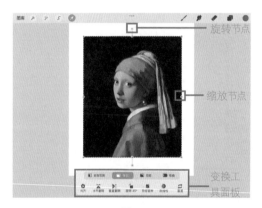

图 3.19

图 3.20

在"等比"模式下拖动缩放节点则对图形进行等比缩放，如图 3.22 所示。使用捏合手势可以对图形进行快速缩放，图形将以中心点为轴心进行放大或缩小。当"对齐"按钮被激活时，图形整体移动或节点移动时将自动吸附到设置的网格节点上，这是一个快捷锁定位置的工具。

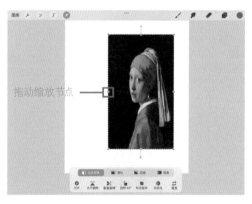

图 3.21

图 3.22

在"扭曲"模式下拖动缩放节点可对图形进行角度缩减，使用扭曲变形可让图形往某一角度缩减来模仿透视效果，如图 3.23 所示。在"弯曲"模式下可以在图形内部进行变形控制，而不仅仅在边缘控制图形变形，如图 3.24 所示。

激活"高级网格"模式显示控制节点，可以让人更加精准地进行变形操作，如图 3.25 所示。"重置"可将所有变换还原成初始状态，可以使用双指轻点和三指轻点进行还原上一步和重做上一步的操作。

图 3.23

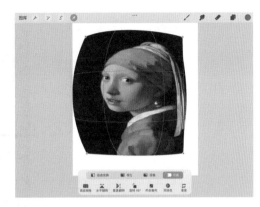

图 3.24

"符合画布"能够快速将图形的尺寸充满画布边缘，是一种快捷变换工具，可以和其他变换工具（缩放、旋转、扭曲或弯曲等）结合使用。

"插值"是一个软件内部处理画面像素的技术，一般情况下在旋转、扭曲或弯曲图形时，系统没有将画面某处的临近颜色很好地融合就会尝试更换插值，这里可选的插值有"最近邻""双线性"和"双立体"，"最近邻"容易产生锯齿，"双线性"可以让画面柔和，"双立体"能呈现最锐利和精准的效果，选择因人而异，如图 3.26 所示。

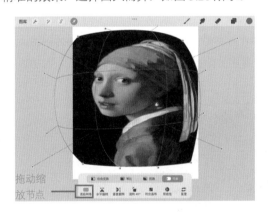

图 3.25

图 3.26

3.7　Procreate 的调整工具

Procreate 的调整工具有 4 大类，一类是调色工具，对图像进行色相、饱和度、亮度、色彩平衡、曲线和渐变映射等工具进行调节，第二类是使用多种模糊选项修整图像，第三类是滤镜特效，为图像添加杂色、锐化、泛光、故障艺术、半色调、色相差等滤镜，第四类是液化和克隆，用于局部变形和局部图像克隆复制。

点击 按钮，打开"调整"菜单，如图 3.27 所示。

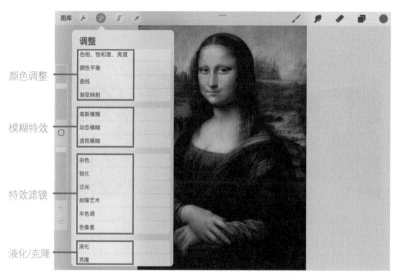

颜色调整

模糊特效

特效滤镜

液化/克隆

图 3.27

3.7.1 颜色调整

Procreate 的颜色调整工具有 4 种，分别是 "色相、饱和度、亮度" "颜色平衡" "曲线" 和 "渐变映射"。

1. 色相、饱和度、亮度

"色相、饱和度、亮度" 命令可以对色相、饱和度、亮度进行修改，既可以单独调整单一颜色的色相、饱和度和亮度，也可以同时调整图像中所有颜色的色相、饱和度和亮度，执行 "色相、饱和度、亮度" 命令，可以在画布下方打开 3 个调节滑块，如图 3.28 所示。

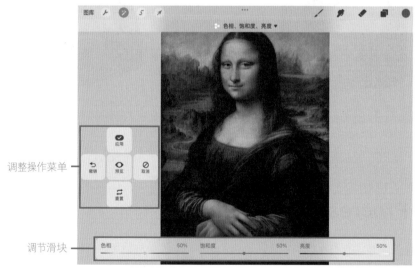

调整操作菜单

调节滑块

图 3.28

用手指轻点画布，打开 "调整操作菜单"，有 5 个执行操作命令可选。

（1）预览：所有编辑套用前 / 后的效果（手指按下该按钮则画面显示初始状态，手指离开该按钮则显示当前操作后的效果）。

（2）应用：应用当前的所有编辑，并停留在编辑界面状态，可重新进行下一步编辑。

（3）重置：将所有编辑清除，回到初始状态。

（4）撤销：退回到上一个编辑操作。

（5）取消：取消所有编辑并退出调整工具界面。

色相、饱和度和亮度是色彩三要素，是图像调色的重要依据。

（1）色相："这是什么颜色"，通常在问这个问题时，其实问的就是图像的色相。红、橙、黄、绿、青、蓝、紫等都是色相。图 3.29 所示为不同色相的效果。

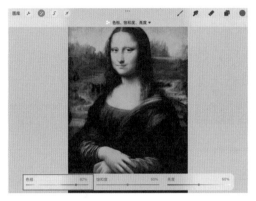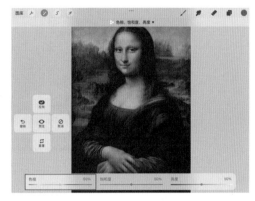

图 3.29

（2）饱和度：饱和度是指色彩的鲜艳程度，当饱和度很高时，画面看起来会很鲜艳，当饱和度很低时，画面看起来就像黑白的，如图 3.30 所示。

（3）明度：明度是指色彩的明暗度，明度越高，画面看起来越白；明度越低，画面看起来越黑，如图 3.31 所示。

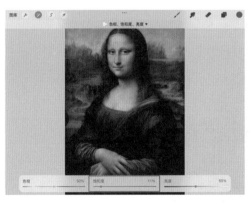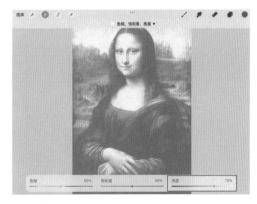

图 3.30　　　　　　　　　　　　图 3.31

知识点拨

　　一幅图像的颜色要有目的地进行调节，无论是有彩色还是无彩色，都有自身的情感特征，不同的颜色代表着不同的含义，冷色调通常给人压抑的感觉，而暖色调则带给人温暖的感觉。

2. 颜色平衡

"颜色平衡"命令是一项利用颜色滑块调整颜色均衡的功能，一般用来调整偏色的照片。执行"色彩平衡"命令后，可以在画布下方打开 3 个调节滑块，如图 3.32 所示。

图 3.32

色彩平衡包含"阴影""中间调"和"高亮区域"三大阶调，这是一种比较高级的色调调节工具。

（1）阴影：也称暗调，是图像中最暗的地方，被称为黑场。

（2）中间调：是指图像中除了最暗和最亮的其他地方，被称为灰场。

（3）高亮区域：也称亮调，是图像中最亮的部分，被称为白场。

3. 曲线

"曲线"命令可以调整图像的整个色调范围及色彩平衡。执行"曲线"命令打开"曲线"面板，可利用曲线精确地调整颜色。默认状态下，移动曲线顶部的点主要是调整高光；移动曲线中间的点主要是调整中间调；移动曲线底部的点主要是调整暗调，如图 3.33 所示。

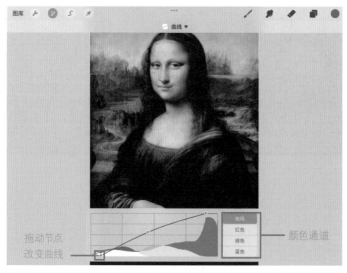

图 3.33

默认调节"伽玛"值，"伽玛"代表同时调节三原色通道——红色、绿色和蓝色。可以对"红色""绿色"或"蓝色"通道进行单独调节，单独调节通道可以更精确地控制画面的偏色，如画面偏暖，则可以单独降低红色通道曲线。

4. 渐变映射

"渐变映射"功能是一个颜色替代工具，就是用指定的颜色替代图像里的高光、中间调和阴影部分，从而获得梦幻般的效果，常用于制作插画。

执行"渐变映射"命令打开"渐变映射"面板。可以将软件自带的渐变套用到原图像色阶上，或自定义渐变映射。渐变色库自带 8 种预设渐变（神秘、微风、瞬间、威尼斯、火焰、霓虹灯、黑暗、摩卡），选择一个预设后，画面将变成相应的效果预览，如图 3.34 所示。

新增自定义渐变映射

图 3.34

点击"+"图标新增一个自定义渐变映射，新增的渐变映射两端自带两个颜色节点，色阶的左边影响的是图像中阴影、暗调处，右边影响的是图像的高光和亮调处，点击渐变条中间可以增加颜色节点（最多增加 10 个）。点击节点小方框则打开"颜色"面板，在其中可进行颜色选择，如图 3.35 所示。

渐变映射完成后，左右滑动画布可调节渐变映射的混合强度，如图 3.36 所示。

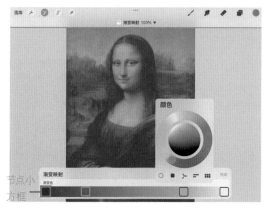

节点小方框

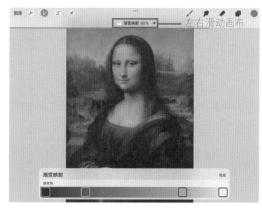

左右滑动画布

图 3.35　　　　　　　　　　　　　　　　图 3.36

3.7.2 模糊特效

　　Procreate 的模糊调整工具有 3 种，分别是"高斯模糊""动态模糊"和"透视模糊"。高斯模糊可将图像柔化，动态模糊可创造出快速动态的视觉效果，透视模糊可创造镜头缩放动感特效。

　　1. 高斯模糊

　　高斯模糊除了对图像进行模糊，还经常用于配合图层的混合叠加特效，如人物脸蛋的红晕。

　　（1）先用红色在人物脸蛋处涂色，如图 3.37 所示。

图 3.37

　　（2）执行"高斯模糊"命令，左右滑动画布以调节高斯模糊强度，完成后再给图层添加"覆盖"混合特效，如图 3.38 所示，一个红脸蛋就制作完成了。

图 3.38

　　2. 动态模糊

　　动态模糊的用法与高斯模糊类似，只是在滑动时软件会根据滑动方向对图像进行具有方向性的模糊处理，如图 3.39 所示。

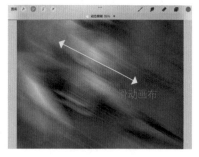

图 3.39

3. 透视模糊

透视模糊的用法与动态模糊类似，只是在执行模糊操作前要先放置透视中点，如图 3.40 所示，然后再滑动画布产生模糊效果，软件会根据中点的放置位置对图像进行具有方向性的模糊处理，如图 3.41 所示（这是位置透视模糊的操作方法）。

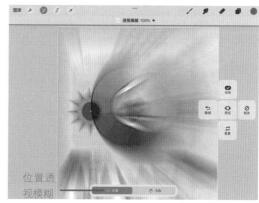

图 3.40

图 3.41

透视模糊分为两种模式。

（1）位置透视模糊：该模式以圆盘为中心，产生向各处放射的模糊效果。

（2）方向透视模糊：该模式根据设置的方向，单向放射模糊效果。

与上面所讲的位置透视模糊不同的是，方向透视模糊可以控制模糊的透视方向。在执行模糊操作前要先放置透视中点，如图 3.42 所示，然后再滑动画布产生模糊效果，软件会根据设置的方向进行具有方向性的模糊处理，如图 3.43 所示。

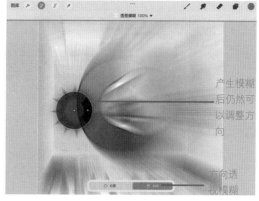

图 3.42

图 3.43

3.7.3　特效滤镜

Procreate 的特效滤镜有 6 种，可对图像添加杂色、锐化、泛光、故障艺术、半色调、色像差等效果。

1. 锐化

"锐化"滤镜主要用于为图像增加视觉硬度，减轻像素之间的柔和效果。锐化效果一般应用于局部，如加强纹理效果或强调聚焦等。

2. 杂色

"杂色"滤镜主要用于为图像增加各种颗粒纹理，产生复古风格的效果。

　　选择"杂色"命令打开"杂色"面板，可以通过"云""巨浪"和"背脊"3 种不同杂色模式设置杂色模式，再通过调节"比例""倍频"和"湍流"来控制杂色的细节，如图 3.44 所示。通过左右滑动画布来控制杂色和背景图的叠加透明度。

原图

图 3.44

3. 泛光

　　"泛光"滤镜主要用于为图像增加光晕，让高光处产生梦幻的光线效果。

　　选择"泛光"命令打开"泛光"面板，可以通过"过渡""尺寸"和"燃烧"3 种不同参数来控制泛光的细节，如图 3.45 所示。通过左右滑动画布来控制泛光的总体强度。

原图

图 3.45

4. 故障艺术

　　"故障艺术"滤镜主要用于为图像增加"伪影""波浪""信号"和"发散"4 种不同的干扰元素，并通过"数量""单元格尺寸"和"缩放"3 个参数来控制故障艺术的细节，如图 3.46 所示。通过左右滑动画布来控制故障艺术的总体强度。

图 3.46

5. 半色调

"半色调"滤镜主要用于给图像增加印刷风格的圆点效果，包括"全彩""丝印"和"报纸"3种特效可选，如图 3.47 所示。

图 3.47

通过左右滑动画布来控制圆点的尺寸和间隔距离，如图 3.48 所示。

图 3.48

6. 色像差

"色像差"滤镜用于改变 RGB 图像中的红色和蓝色通道的位置，仿造相机镜头中的色像差特效。摄影技术中的色像差效果较细微，看起来像蓝色或红色的色晕。在 Procreate 中可控制色像差的方向和偏离度，让画面更加酷炫。"色像差"滤镜包括"透视"和"移动"两种模式。

透视：该模式先设置透视点，然后根据透视点的方向控制红蓝通道的叠加效果，如图 3.49 所示。

移动：该模式直接滑动画布，根据滑动的方向和距离控制红蓝通道的叠加效果，如图 3.50 所示。

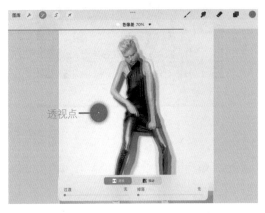

图 3.49

图 3.50

3.7.4　液化 / 克隆

Procreate 的"液化"工具可以通过不同方式扭曲变化图层上的像素，让画面产生艺术变形效果。"克隆"则是将画面的一部分复制到另一个区域中。

1. 液化

选择"液化"命令打开"液化"面板，在面板中可以选择"推""顺时针 / 逆时针转动"、"捏合""展开""水晶"和"边缘"等液化模式；下方有"尺寸""压力""失真"和"动力"等画笔控制参数，如图 3.51 所示。

图 3.51

（1）推：该功能类似 Photoshop 中的涂抹工具，根据画笔的划动方向推动画面中的像素，如图 3.52 所示。

原图

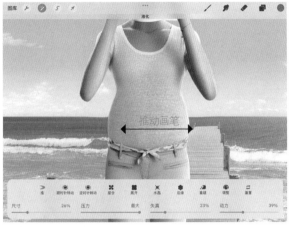

图 3.52

（2）顺时针 / 逆时针旋转：该功能可对像素进行旋转，如图 3.53 所示。

原图

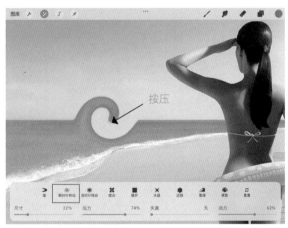

图 3.53

横向划动画笔会产生波浪效果，如图 3.54 所示；长时间按压会让旋转效果加强，如图 3.55 所示。

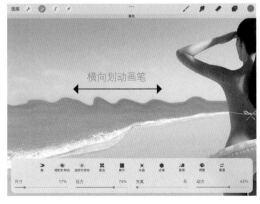

图 3.54

图 3.55

（1）捏合 / 展开 / 边缘："捏合"可让像素吸收到笔画的周围，如图 3.56 所示。"展开"则将像素向外推开，类似吹气球效果，如图 3.57 所示。"边缘"是以线状方式吸收周围的像素而非单点吸收，如图 3.58 所示。

原图

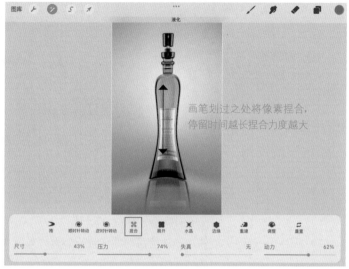

图 3.56

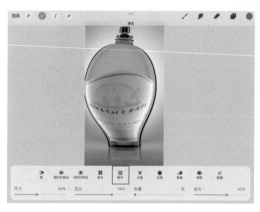

图 3.57

图 3.58

（2）重建 / 调整 / 重置："重建"用于将画面恢复到初始状态，当创造了某种效果后，该功能适合只想将某个区域恢复成初始状态时使用；"调整"滑块用于将效果"减弱"；"重置"是将画面所有的效果清零，回归初始状态。

最下方的"尺寸""压力""失真"和"动力" 4 种画笔控制参数用于对笔刷效果进行微调，如图 3.59 所示。

图 3.59

（1）尺寸：控制笔触的尺寸，决定液化效果影响的范围大小。

（2）压力：根据 Apple Pencil 按压力道决定效果的强弱。

（3）失真：为效果增添一些随机元素，使扭曲效果、锯齿效果或转动幅度更大。

（4）动力：让液化效果在笔尖从画布离开后能持续变形，产生笔刷泼溅的效果。

2. 克隆

"克隆"工具类似 Photoshop 中的仿制图章工具，可快速、自然地将图像的某部分复制到另一部分中。

（1）选择"克隆"命令，画布出现一个圆形定位，将圆形定位移动到想要复制的区域，如图 3.60 所示。

图 3.60

（2）选择一个笔刷，在需要克隆的地方进行涂抹，涂抹处即克隆出现圆形定位所圈定的内容，如图 3.61 所示。可以在左边的滑块中调节笔刷尺寸和透明度，用以控制克隆的笔刷和克隆的透明效果。

图 3.61

使用"克隆"工具可以移动圆形定位，如果想要锁定它的位置，长点可锁定圆形定位，再次长点即可解锁。

3.8 Procreate 的动画功能

微视频

Procreate 可以将绘制过程以动画形式保存为动画格式（MP4 或 GIF 等格式），分享给其他人观赏绘制过程，还可以将图层制作成"洋葱皮动画"。

3.8.1 制作洋葱皮动画

"洋葱皮"一词来源于一种传统的动画技术，即使用很薄的、半透明度描图纸来查看动画序列。Procreate 可以将多图层画布自动转为洋葱皮序列帧，并提供管理和编辑单帧的工具。

要制作动画，首先点击"操作"图标 ，在"画布"界面激活"动画协助"选项，此时画布下方出现时间轴，如图 3.62 所示（重复上述步骤即可退出"动画协助"界面）。时间轴中的帧对应的是"图层"面板的图层，即每帧是一个图层，时间轴最左边是背景，最右边是前景，如图 3.63 所示。

时间轴

图 3.62

图 3.63

图 3.64

播放方式

动画时长

洋葱皮设置

使用时间轴可以进行编辑关键帧动画、回放动画等操作。点击"设置"按钮，打开"设置"面板，在这里可变更动画中的时间、外观及属性，如图 3.64 所示。

（1）循环 / 来回 / 单次：这是 3 种不同的动画播放方式，将动画回放设置为一次性、循环或来回循环播放。

（2）帧 / 秒：用于改变动画帧速率。普通动画每秒播放 15 帧，影视级别的动画每秒播放 29 帧。比如这里设置为 3，则代表每秒播放 3 帧；如果整个动画有 30 帧，则动画时长为 10 秒。

（3）洋葱皮层数：设置洋葱皮帧的显示数量。可以将洋葱皮设置为无，此时只能看到当前帧，洋葱皮可最多设置 12 帧，图 3.65 所示为透明的洋葱皮效果。

（4）洋葱皮不透明度：设置洋葱皮帧的透明度，图 3.66 所示为完全不透明的洋葱皮效果。

图 3.65

图 3.66

（5）混合主帧：默认情况下，当前帧会以不透明的方式显示在所有洋葱皮帧之上，启用"混合主帧"选项可让当前帧与其他帧融合、透明。

（6）洋葱皮颜色：打开颜色面板，对洋葱皮的颜色进行设置，图 3.67 所示为橘色效果。

在时间轴中，帧是可以移动顺序的，移动了顺序后也就意味着改变了该图层在动画中出现的时间，在时间轴移动帧顺序的同时会影响到图层中的顺序，它们是同步的，如图 3.68 所示。

图 3.67

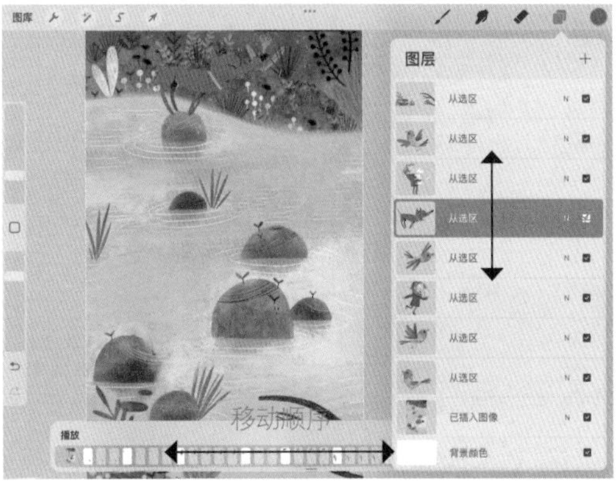

图 3.68

轻点一个帧的缩略图，将会打开它的"帧选项"面板，如图 3.69 所示。在这里可以设置该帧在时间轴中的延迟时长，或对该帧进行复制和删除等操作。"保持时长"用于设置该帧在时间轴中停留的时长，在时间轴中会以一串变灰的帧来显示保持时长，如果设置该值为 4，将会在时间轴上看到变灰的 4 帧。

图 3.69

前景和背景是静止不动的帧，它们将出现在动画的每一帧。前景相当于时间轴最右边的一帧，它始终在动画前面，成为不变的前景元素，轻点该帧的缩略图，激活"前景"选项即可，如图 3.70 所示。背景是时间轴最左边的一帧，轻点该帧的缩略图，激活"背景"选项即可，如图 3.71 所示。

图 3.70   图 3.71

完成动画后，可对动画进行各种格式的输出，如 MP4、GIF 等，如图 3.72（a）（b）所示。

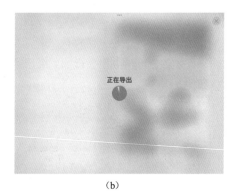

（a）   （b）

图 3.72

3.8.2 制作绘制过程动画

在 Procreate 中，可以将绘画过程以缩时视频的方式记录下来，并能够将视频保存和分享。

当一幅作品制作完成后，系统会默认记录缩时视频，点击"操作"图标 🖊，在"视频"界面中点击"缩时视频回放"选项，如图 3.73 所示。此时会打开"缩时视频回放"面板，左右滑动画面可对视频进行快进和后退，如图 3.74 所示。

图 3.73   图 3.74

新建画布时，缩时视频默认启动录制，可以在创建画布时提前设置视频录制的画质。在"图库"界面中点击"+"图标，在新建画布菜单中点击"自定义画布"按钮，打开"自定义画布"设置面板，如图3.75所示。在这里可以设置视频的分辨率（如1080p、2K 或 4K 分辨率），也可以选择"低质量"（文件尺寸较小、便于分享）或"无损"（无失真的完美质量，但文件尺寸较大）等质量录制。HEVC 编码支持 Alpha 通道并能够用较小的文件尺寸表现较高质量的视频。

图 3.75

点击"导出视频"选项，系统会提示选择全长或 30 秒缩时视频，如图 3.76 所示，然后就可以进行视频分享了，如图 3.77 所示。

图 3.76

图 3.77

在 Procreate 中，可以"私人图层"方式插入不会出现在缩时视频中的文件或照片。有时绘画过程中会导入参考图或其他文件，作者如果不想在缩时动画中公开这些内容，可以插入"私人图层"，这样系统就会在录制缩时动画时忽略这些隐私内容。添加"私人图层"的方法如下。

点击"操作"图标，在"添加"界面中向左滑动"照片""插入文件"或"拍照"选项，此时会显示"插入私人照片"，如图 3.78 所示，这样缩时视频就不会出现这些隐私内容了。选择要插入的内容后，图层上会显示"私人"二字，如图 3.79 所示。

图 3.78

图 3.79

第4章
景观实景照片写生线稿

线稿绘制是图像创作的前提，本章将通过几幅建筑线稿来介绍如何选用笔刷、控制笔头大小和颜色，并根据照片来临摹线稿。

4.1 建筑景观线稿绘制

4.1.1 照片和草图分析

照片分析：本张照片为两点透视。右侧临水，且水域面积较大，景观木栈道是视觉中心，加上景观亭与植物的配合，共同组成了滨水景观，如图4.1所示。

草图分析：对照片进行分析后，用墨线快速地勾画出与照片效果所对应的草图，着重表现场景的构图、透视，以及大体的位置，无须对细节进行绘制，如图4.2所示。

图 4.1

图 4.2

4.1.2 新建画布

01 根据照片临摹线稿：在 iPad 中打开 Procreate 软件，进入图库，点击 "+" 图标，在画布预设中有很多预先设置好的尺寸可选，点击 "自定义画布" 按钮█，设置画面尺寸。设置完成后点击██按钮确定，如图 4.3 所示。

02 点击█按钮打开 "操作" 面板，选择 "添加"█界面下的 "插入照片" 选项，如图 4.4 所示。

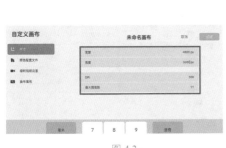

图 4.3

图 4.4

03 导入本例的参考图，将参考图的尺寸缩放到适合画布的尺寸，如图 4.5 所示。

> ⚠ 提示
>
> 　建筑景观临摹主要表现的是园区应有的场景氛围，绘制时还要从近到远去处理画面的植被，对近景与中景植物做深入处理，远处的植物可以概括处理，保证植物在图面中的层次有序。

图 4.5

图 4.6

04 在"图层"面板中点击图层名称右边的 N 按钮，打开图层混合选项，降低不透明度，让照片变成半透明状态，以便作为线稿绘图的参照，如图 4.6 所示。

4.1.3　设置透视参考线

01 设置透视参考线。点击工具栏的"操作"按钮，打开"操作"面板，将"绘图指引"开关打开，如图 4.7 所示。

02 点击"编辑绘图指引"选项，打开"绘图指引"界面，激活"透视"按钮，在地平线区域点击，根据地面瓷砖缝的延伸线放置一个灭点，如图 4.8 所示。

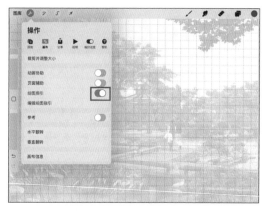

图 4.7

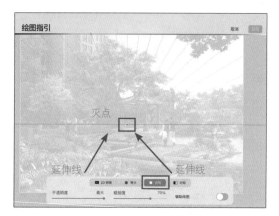

图 4.8

4.1.4　绘制线稿

01 准备绘制草图。首先在 Procreate 中点击工具栏中的"画笔"按钮，在弹出的"画笔库"界面中选择笔刷，本例使用"Procreate 铅笔"笔刷，如图 4.9 所示。

图 4.9

02 在图层列表中点击 "+" 图标，新增一个图层，新增的图层位于照片图层之上，如图 4.10 所示。

图 4.10

03 铅笔定形：用铅笔笔刷在图纸上确定构图后，找准场景的地平线、视平线及透视点，绘制出木栈道与景观亭，如图 4.11 所示。

图 4.11

04 在景观主体轮廓绘制完成后，根据场景的需要勾绘近景与中景的植物，植物要注意类型与种类。并为场景配上人物，如图 4.12 所示。

图 4.12

05 继续绘制场景中的远景植物，从而使场景更丰富。最后将远处的建筑轮廓勾绘出，如图4.13所示。

图4.13

06 铅笔稿定形完成后，在确认场景构图与透视无误后，用墨线笔描绘。先将场景中的木栈道勾绘出，如图4.14所示。

图4.14

07 设置图层和笔刷：在图层列表中点击"+"图标，新增一个图层，新增的图层位于铅笔稿图层之上，如图4.15所示。点击工具栏中的"画笔"按钮 ，在弹出的"画笔库"界面中选择"勾线笔"笔刷。

图4.15

08 景观勾线：将场景中的景观亭绘制完成，并将场景中的人物与前景中的石块绘制出，注意人物的大小与动态，石块不要绘制得太圆，否则就失去了石块的质感，如图 4.16 所示。

图 4.16

09 绘制植物：根据场景的需求，绘制出近景、中景、远景中的植物，并表现出不同植物的大小、形态与特征。再将远景中的建筑轮廓勾绘出，如图 4.17 所示。

图 4.17

10 绘制栈道景观：将木栈道的木板线根据透视绘制出。在场景轮廓绘制完成后，根据场景的光影关系，对场景进行深入的刻画，从而使得画面更加深入，如图 4.18 所示。

图 4.18

⑪ 绘制天空：对远处的天空进行处理，并增加场景对比度，从而使场景的光影效果更加明确，空间表现也更加到位，如图 4.19 所示。

图 4.19

4.2 园林景观线稿绘制

4.2.1 照片和草图分析

照片分析：本张照片为别墅景观，但别墅建筑为远景，中景为路面与植物，近景则是植物与熊形雕塑，因此，雕塑与植物就成为图面重点表现的区域，如图 4.20 所示。

草图分析：根据对照片的分析，用墨线笔快速勾绘出与场景相对应的草图。着重表现场景的构图、透视与景观元素的位置，如图 4.21 所示。

图 4.20

图 4.21

4.2.2　新建画布

01 根据照片临摹线稿：在 iPad 中打开 Procreate 软件，进入图库，点击"+"图标，在画布预设中有很多预先设置好的尺寸可选，点击"自定义画布"按钮 ，设置画面尺寸。设置完成后点击 按钮确定，如图 4.22 所示。

02 点击 按钮打开"操作"面板，选择"添加" 界面下的"插入照片"选项，如图 4.23 所示。

图 4.22

图 4.23

03 导入本例的参考图，将参考图的尺寸缩放到适合画布的尺寸，如图 4.24 所示。

图 4.24

04 在"图层"面板中点击图层名称右边的 N 按钮，打开图层混合选项，降低不透明度，让照片变成半透明状态，以便作为线稿绘图的参照，如图 4.25 所示。

图 4.25

4.2.3 设置透视参考线

01 设置透视参考线。点击工具栏的"操作"按钮，打开"操作"面板，将"绘图指引"开关打开，如图 4.26 所示。

图 4.26

02 点击"编辑绘图指引"选项，打开"绘图指引"界面，激活"透视"按钮，在地平线区域点击，根据地面瓷砖缝的延伸线放置一个灭点，如图 4.27 所示。

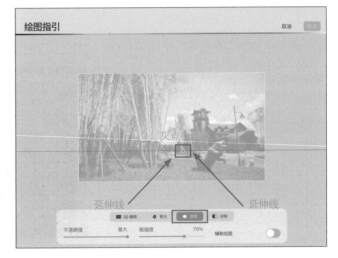

图 4.27

4.2.4 绘制线稿

01 准备绘制草图。首先在 Procreate 中点击工具栏中的"画笔"按钮，在弹出的"画笔库"界面中选择笔刷，本例使用"Procreate 铅笔"笔刷，如图 4.28 所示。

图 4.28

02 在图层列表中点击"+"图标，新增一个图层，新增的图层位于照片图层之上，如图 4.29所示。

图 4.29

03 铅笔定形：草图绘制完成后，用铅笔对场景的构图、透视，以及各景观元素进行铅笔定形，如图 4.30 所示。

图 4.30

04 设置图层和笔刷：在图层列表中点击"+"图标，新增一个图层，新增的图层位于铅笔稿图层之上，如图 4.31 所示。点击工具栏的"画笔"按钮，在弹出的"画笔库"界面中选择"勾线笔"笔刷。

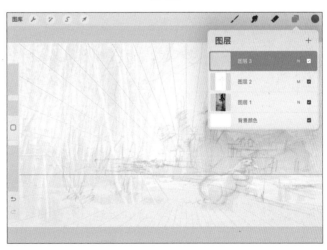

图 4.31

05 线稿勾勒: 铅笔定形完成后, 换用墨线笔开始对场景进行描绘。首先描绘出前景的熊形雕塑及路面, 再开始描绘远处的别墅, 虽然位置较远, 但也是场景中的重点, 如图 4.32 所示。

图 4.32

06 进一步描绘建筑, 将美式别墅的特点表现出来。并将远景中的植物与汽车描绘出来, 如图 4.33 所示。

图 4.33

07 对别墅建筑的细节适当进行描绘, 将别墅周边的植物绘制出来, 使建筑与植物有机结合起来, 如图 4.34 所示。

图 4.34

08 将前景植物进行细致的
描绘，不论是树冠还是树干，均
描绘到位。使得前景中的植物特
点明确，且层次分明，如图 4.35
所示。

图 4.35

09 对前景植物刻画完成后，
对远景植物进行适当的明暗处
理，从而增加场景的前后关系。
接着对熊雕塑进行深入绘制，
并对周边的草地进行绘制，如图
4.36 所示。

图 4.36

10 根据场景的光影关系，刻
画出前景植物、熊形雕塑等的投
影，并将远处天空中的云描绘出
来，从而使画面表现更加完整，
如图 4.37 所示。

图 4.37

11 进一步描绘园林，将园林景观的自然特点表现出来，并将远景中的植物与汽车描绘出来，如图 4.38 所示。

图 4.38

　　Procreate 在模拟各种风格的画笔方面无出其右，本章将使用马克笔风格来绘制不同风格的景观效果图，从而熟悉 Procreate 的上色和润色功能。

5.1　景观长廊效果图绘制

　　本例将使用 Procreate 软件绘制景观长廊效果图。景观长廊是公园景观设计、商业街景观设计、滨河设计等常用的设计手法，长廊一般为开敞式布局，周围不宜种植遮挡视线的树木，保持较好的可通视性，便于观赏景观。在线稿及上色中如何体现场景的径深感是最重要的。

5.1.1　平面图分析

　　本张平面图为小区景观，所体现的区域为景观长廊平面，画面中包含了休息长廊、植物及构筑物，在空间中呈序列排放的形式，也是绘制的难点，如图 5.1 所示。

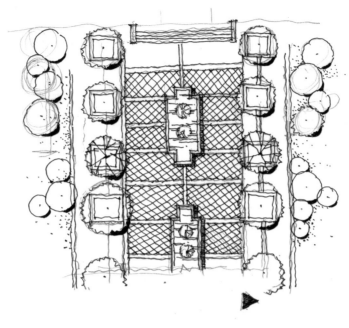

图 5.1

5.1.2 草图分析

根据平面图可知，在空间的表达中地面较小，若刻画的东西过多则不能很好地体现空间感。人物可以遮挡住远处的一些构筑物，同时增加空间活跃程度，如图 5.2 所示。

图 5.2

5.1.3　新建画布

01 在 iPad 中打开 Procreate 软件，进入图库，点击"+"图标，在画布预设中有很多预先设置好的尺寸可选，点击"自定义画布"按钮 ，如图 5.3 所示。

> ⓘ 提示
>
> 　　当在 Procreate 中导入 Photoshop 文件（PSD）时，会保留锁定图层、图层背景、相容滤镜效果和图层混合模式。

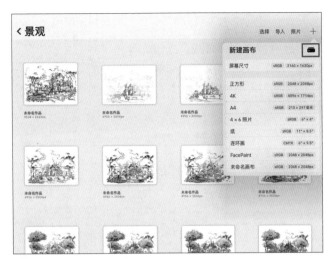

图 5.3

02 在"自定义画布"界面中设置尺寸为 4956×3504px，设置分辨率为 300，如图 5.4 所示。

图 5.4

03 设置"颜色配置文件"为 RGB 属性，如果是印刷文件，则需要设置颜色属性为 CMYK。设置完成后点击 按钮确定，如图 5.5 所示。

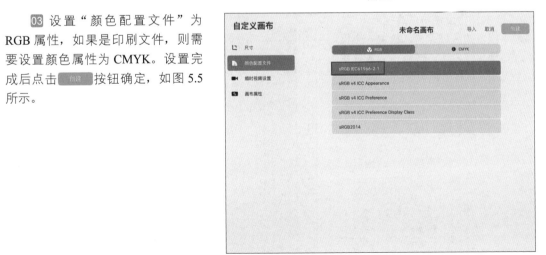

图 5.5

5.1.4　设置透视参考线

01 设置透视参考线。点击工具栏的"操作"按钮，打开"操作"面板，将"绘图指引"开关打开，如图 5.6 所示。

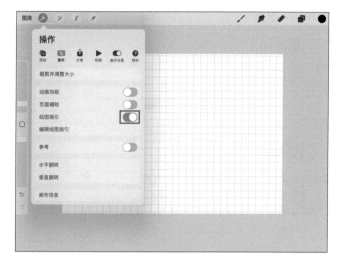

图 5.6

02 点击"编辑绘图指引"选项，打开"绘图指引"界面，激活"透视"按钮，准备设置透视参考线，如图 5.7 所示。

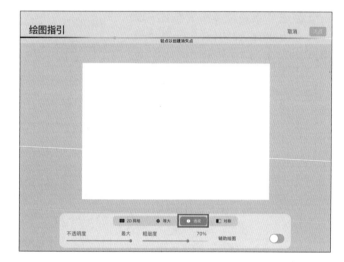

图 5.7

03 本例将设置两点透视参考线，在地平线左边区域点击，放置一个灭点，在地平线右边区域点击，放置第二个灭点，如图 5.8 所示。

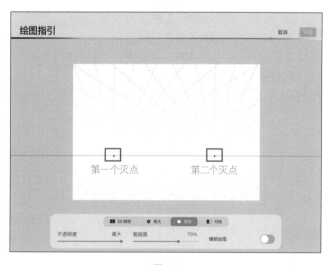

图 5.8

5.1.5　绘制草图

01 准 备 绘 制 草 图。首 先 在 Procreate 中点击工具栏中的"画笔"按钮，在弹出的"画笔库"界面中选择笔刷，本例使用"Procreate 铅笔"笔刷，在界面左侧调整笔刷的尺寸和透明度（本书所有笔刷均在配套资源中提供），如图 5.9 所示。

> ⚠ 提示
>
> 可以将原创的笔刷分享给自己的朋友，甚至可以在网上售卖个人笔刷库。

图 5.9

02 点击工具栏中的"图层"按钮，打开"图层"界面，点击 ⊞ 按钮新建一个图层。在绘制一个新项目时要养成新建图层的好习惯，这样便于后期调整，如图 5.10 所示。

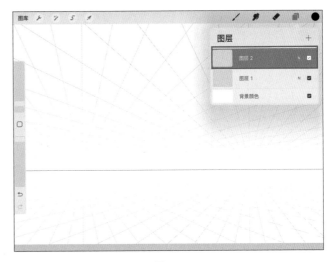

图 5.10

03 点击新建图层的缩略图部分（左侧），在弹出的菜单中选择"重命名"命令，如图 5.11 所示。

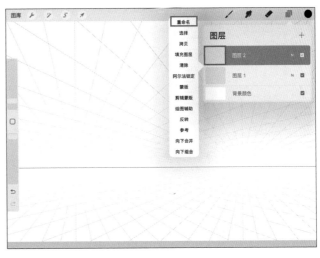

图 5.11

04 将该图层命名为"线稿草图"，如图 5.12 所示。

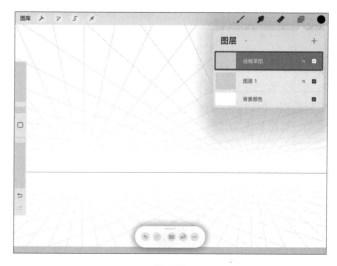

图 5.12

05 点击工具栏中的"颜色"按钮●，打开"颜色"界面，在色盘中选择灰色，如图 5.13 所示。

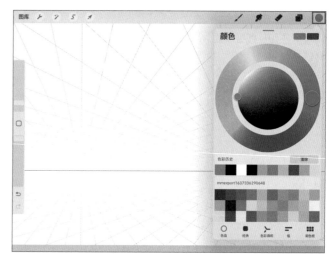

> ⚠ **提示**
>
> 色盘由外围的色相圈和内部的饱和度色环组成。

图 5.13

06 构筑物透视：构筑物和地面按照透视原理进行刻画。地面线不宜放得太高，如图 5.14 所示。

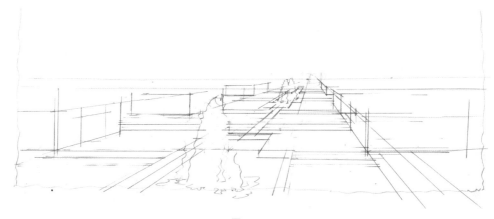

图 5.14

07 细化构筑物：构筑物的基本透视确定好以后，对构筑物的具体造型进行细化，在场景中添加人物，可以减少工作量同时丰富场景感，如图 5.15 所示。

图 5.15

08 场景植物：对场景中的所有植物进行定位，保证其不同的高度和层次感。注意不能使场景中的植物过满，如图 5.16 所示。

图 5.16

> ⚠ 提示
>
> 　　可以尝试用不同的速度绘画，有些笔刷根据不同的绘画手速会展现出不同的效果。

09 绘制完成后，点击工具栏中的"图层"按钮█，打开"图层"界面，点击"线稿草图"图层的 N 按钮，设置"不透明度"为 20%，将这个草图作为正式线稿的底图使用，如图 5.17 所示。

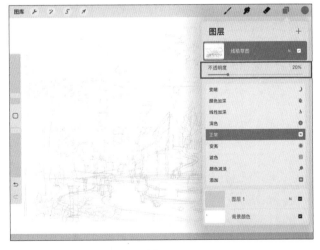

图 5.17

5.1.6 绘制正式线稿

01 Procreate 软件默认的笔刷可以校正抖动，在手绘建筑线稿时不希望笔触太工整。点击工具栏中的"画笔"按钮，在弹出的"画笔库"界面中选择"勾线笔"笔刷，向左滑动该笔刷，点击"复制"按钮复制一个新的笔刷（在改变笔刷属性时要先复制一个后进行修改，保留原来笔刷的属性），如图 5.18 所示。

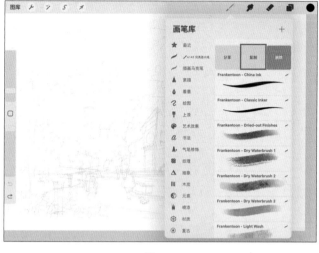

图 5.18

02 点击新复制的笔刷，打开"画笔工作室"界面，将"稳定性"选项的"数量"设置为 0。这样就关闭了该笔刷的自动抖动校正功能，可以产生自然的手绘效果，如图 5.19 所示。

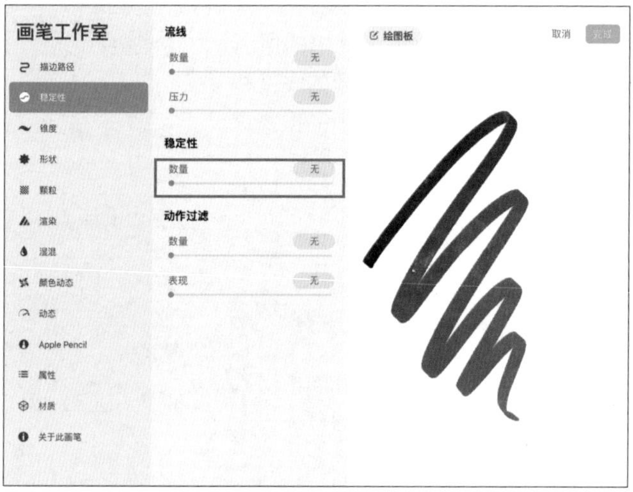

> **⚠ 提示**
>
> Procreate 的稳定修正功能既可以全局套用于整个软件，也可以单独套用在单个笔刷上。

图 5.19

03 为了在绘制线稿时防止手势误操作，点击工具栏中的"操作"按钮，打开"操作"面板，点击"手势控制"选项，如图 5.20 所示。

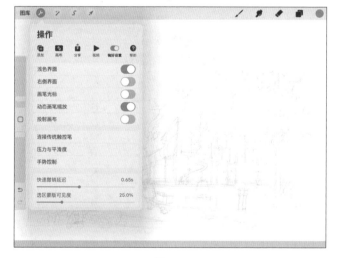

图 5.20

04 在打开的"手势控制"界面，将"禁用触摸操作"开关打开，点击 `完成` 按钮，如图 5.21 所示。

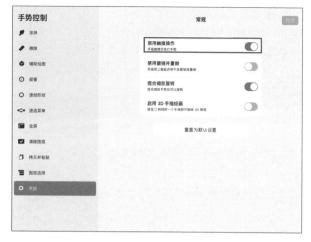

图 5.21

05 地面透视：地面结构线不能出现透视问题，特别是前景的地面结构，如图 5.22 所示。

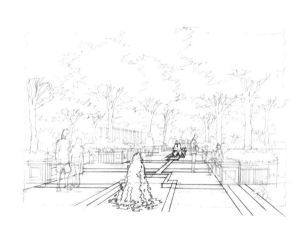

图 5.22

06 细化构筑物：不同远近的构筑物在透视及结构上要统一，远近不同的构筑物在刻画的详略程度上也不一致，如图 5.23 所示。

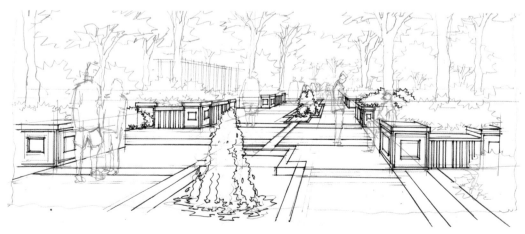

图 5.23

07 勾勒人物和灌木：不同朝向、姿态、性别和远近的人物刻画的详细程度要根据近大远小的透视关系来确定，注意近实远虚的画面效果，如图 5.24 所示。

图 5.24

08 勾勒乔木：空间中的乔木是主体，其形态和大小要进行一些变化，这样会显得自然生动，如图 5.25 所示。

图 5.25

09 光影处理：根据光影关系，对场景中的所有植物、构筑物和人物进行投影描绘，地面的投影可使物体不会发"飘"。线稿绘制完成后，取消选择"线稿草图"图层右侧的☑复选框，隐藏该图层。在中远景中呈序列的灌木植物中挑选进行排线，丰富中远景的层次关系，如图 5.26 所示。

图 5.26

10 处理同种灌木：在中远景中呈序列的灌木植物中挑选进行排线，丰富中远景的层次关系，如图 5.27 所示。

图 5.27

5.1.7　线稿上色

01 新建一个图层，并将其拖动
到"正式线稿"图层的下方。选择
"马克笔 OK 正旭专用"笔刷，在界
面左侧调整笔刷的尺寸和透明度，如
图 5.28 所示。

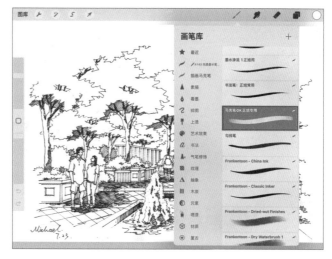

图 5.28

02 这里向读者分享一个实用上
色技巧，如果自己有非常好的效果图，
想用这个效果图的调色盘，可以自定
义调色盘。手指向上滑动 iPad 底部，
弹出常用工具栏，如图 5.29 所示。

图 5.29

03 用手指将相册移动到 Procreate
界面右侧，此时会发现 Procreate 给相
册让开了一部分空间。松开手指，两
个软件就会同时出现在界面中，如图
5.30 所示。

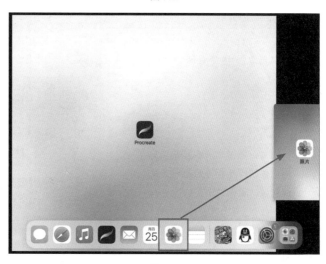

图 5.30

04 在 Procreate 中打开"调色板"界面,在相册中找到自己的那张图片,如图 5.31 所示。

图 5.31

05 将图片拖动到调色板的空白区域,系统将自动根据该图片的颜色调取颜色数据,自动生成一个调色板,如图 5.32 所示。

图 5.32

06 生成调色板后,就可以用这个调色板来创作了,还可以给这个调色板进行命名,非常方便实用,如图 5.33 所示。

⚠ 提示

可以选用"紧凑"或"大调色板"两种不同方式来浏览调色板。点击"调色板"界面上方的"紧凑"或"大调色板"按钮,即可切换浏览方式。

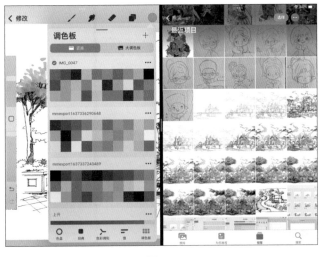

图 5.33

07 乔木上色：前景中的乔木较多，在色相及明度上要进行一些区分，如图 5.34 所示。

图 5.34

08 远景乔木：远景中的同种乔木只有降低其明度，才能与前面的乔木区分，如图 5.35 所示。

图 5.35

09 地面上色：植物以大面积绿色为主，为了形成对比，地面的色相只能以暖色系为主，如图 5.36 所示。

图 5.36

⑩ 水面上色：喷泉以蓝色为主，增加画面的明度，同时与地面的色相形成对比，如图 5.37 所示。

图 5.37

⑪ 构筑物上色：场景中的构筑物受光线的影响及材质的原因，所以在构筑物的固有色上添加一些暖色，如图 5.38 所示。

> **！提示**
>
> 　　点击并长点尚未选定笔刷的绘图、涂抹或擦除图标，即可将当前的笔刷套用到该工具上，这对想使用同一笔刷来绘图、涂抹和擦除画作时相当实用。

图 5.38

⑫ 构筑物上的灌木上色：构筑物上的灌木属于中景植物，在颜色上可以以冷暖交错的方式来丰富画面的色相，如图 5.39 所示。

图 5.39

13 人物上色：人物能够活跃空间氛围，在上色时也要符合这样的要求，如图 5.40 所示。

图 5.40

14 天空上色：这张图中天空面积较小，且乔木较多，注意在天空光线上要画出变化。为了突出光的感觉，用高光笔在画面中画出光影线，如图 5.41 所示。

图 5.41

15 点击 Procreate 界面右侧的"取色"按钮⬜，在放大镜内可在画面任意位置取色（用手指长点一个区域并拖动，也可以以相同的取色方法取色），如图 5.42 所示。

图 5.42

16 作品完成后点击工具栏中的
"操作"按钮🔧，在⬆️界面选择想要
输出的文件格式，如PSD等，如图 5.43
所示。

图 5.43

17 本例的最终效果如图 5.44 所示。

图 5.44

5.2　节点景观上色

　　根据平面图拉伸的空间，没有色彩作为参考，就需要用户自己进行色彩分析、搭配。这需要用户对色彩的理解程度较高，其实也可以根据平面图找到一些空间色彩的联系。

5.2.1　平面图分析

这张平面图是十字交叉，用植物对空间进行围合，在较为单一的路网中，小的构筑物起到了细化空间的作用，如图 5.45 所示。

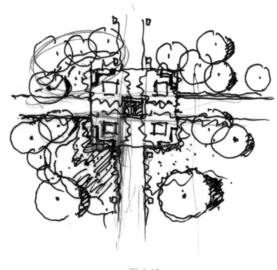

图 5.45

5.2.2　线稿分析

十字交叉的路网结构选用两点透视最为合适，前景中的植物在构图时要考虑把其中远处的路遮挡住，避免了"无路可走"，如图 5.46 所示。

图 5.46

5.2.3 绘制线稿

01 在 iPad 中打开 Procreate 软件，进入图库，点击"+"图标，在画布预设中有很多预先设置好的尺寸可选，点击"自定义画布"按钮 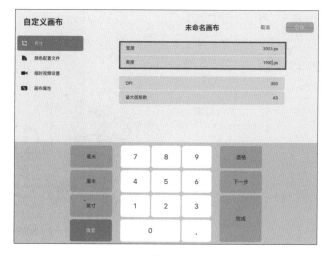，设置画面尺寸如图 5.47 所示。设置完成后点击 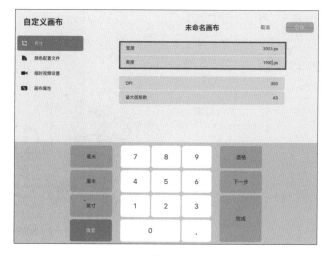 按钮确定。

图 5.47

02 准备绘制草图。首先在 Procreate 中点击工具栏中的"画笔"按钮，在弹出的"画笔库"界面中选择笔刷，本例使用"Procreate 铅笔"笔刷，在界面左侧调整笔刷的尺寸和透明度，如图 5.48 所示。

图 5.48

03 路网透视定位：按照两点透视原则对地面路网关系进行定位，注意它们的比例关系，如图 5.49 所示。

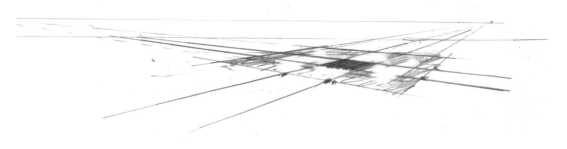

图 5.49

04 地面灌木：用扁圈对空间进行
确定，不管灌木丛有多大，都要符合
近大远小的透视关系，如图 5.50 所示。

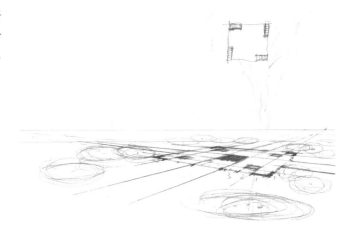

图 5.50

05 路网结构勾勒：在透视定好
以后，对路网进行线稿勾勒，在绘制
路网结构时，不要太在意植物的遮挡，
如图 5.51 所示。

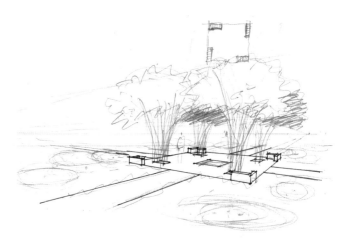

图 5.51

06 中景灌木丛：中景中的四丛
灌木丛随透视进行变化，后面两丛在
树冠处用排线的方式拉开前后关系，
如图 5.52 所示。

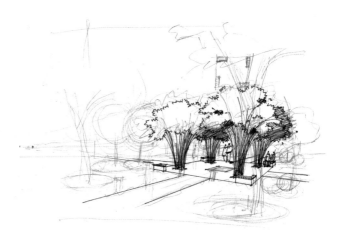

图 5.52

07 中景乔木：中景乔木可以作为左侧的收尾植物，同时可以拉开画面的宽度，如图 5.53 所示。

图 5.53

08 前景植物：前景中的收边植物其实是在一株完整的乔木上取左下角大概 1/4 区域，树干下端以花草、灌木进行收边，如图 5.54 所示。

图 5.54

09 远景植物：远景中的植物在树形和树种上要有一定的变化，组成序列为佳，其中一些植物用排线来体现前后空间关系，如图 5.55 所示。

图 5.55

10 明暗关系：为场景中的植物、人物和构筑物设置光影关系，增加画面的立体感，同时使物体间的联系更加紧密，如图 5.56 所示。

图 5.56

5.2.4　导入色板

01 点击工具栏中的"画笔"按钮 ，在弹出的"画笔库"界面中选择"勾线笔"笔刷，参照照片进行线稿绘制如图 5.57 所示。线稿绘制完成后在图层列表中点击"+"图标，新增一个图层（作为上色层），新增的图层位于线稿图层之下。

图 5.57

02 导入色盘：在绘制效果图时，需要使用一个固定的色盘，在 Procreate 中通过上一节绘制的上色分析图样，可以得到一个色盘。首先将色彩分析图保存在 iPad 相册中，在"调色板"界面中点击"+"图标，选择"从'照片'新建"选项，如图 5.58 所示。

图 5.58

03 在弹出的相册中选择一幅事先准备好的色稿样本（可以在网上找自己喜欢的上色图），此时调色板中多了一个新建的调色板，如图 5.59 所示。

图 5.59

5.2.5 线稿上色

01 选择笔刷：点击工具栏中的"画笔"按钮 ，在弹出的"画笔库"界面中选择"马克笔 OK 正旭专用"笔刷进行上色，如图 5.60 所示。

图 5.60

02 地面上色：地面以冷色系进行铺排，由于地面面积较小，所以用斜排线的笔触让局部留白，这样画面较为透气，小的构筑物用暖色系调和，让画面中的构筑物与地面有所区别，如图 5.61 所示。

图 5.61

03 草地上色：草地用斜排循环笔触上色，注意收边要整齐，如图 5.62 所示。

图 5.62

04 小灌木丛上色：在较小的灌木带用暖色系来调节画面，如图 5.63 所示。

图 5.63

05 中景灌木丛上色：中景灌木丛的上色主要是将前后关系表现清楚，如图 5.64 所示。

图 5.64

06 小乔木上色：靠近灌木丛的小乔木用降低明度的方式来拉开空间感，如图 5.65 所示。

图 5.65

07 前景乔木上色：前景中的植物因场景的位置及光照影响颜色的变化，让颜色变化更加丰富，如图 5.66 所示。

图 5.66

08 场景小面积颜色微调：在地面区域强调光影关系，在远景中的植物层次较多处添加一些暖色，增强前后呼应，如图 5.67 所示。

图 5.67

09 天空上色：此时景观中的植物、地面和构筑物的颜色已经丰富起来，但是天空处理得稍微
单调一点，注意天空以留白为主，如图 5.68 所示。

图 5.68

10 本例的最终效果如图 5.69 所示。

图 5.69

第6章 ◀◀
Procreate 建筑效果图绘制

Procreate 在建筑效果图绘制方面已经逐渐替代了纸质绘图，因其良好的分层管理和特效功能，让平板绘图在易用性方面上升到了一个新高度。

6.1 会议中心建筑设计

本例将使用 Procreate 软件绘制会议中心建筑设计效果图。会议中心建筑作为城市公共设施的重要组成部分，以其独特的外观特征和建筑功能影响着其所在城市对外的形象。这类建筑一般为开放式布局，周围不宜种植遮挡视线的树木，保持较好的道路流通性，兼顾实用性与美观性，色彩可与周围环境相协调。

6.1.1 照片分析

图 6.1 为建筑单体鸟瞰图，建筑为梯形平面，在打铅笔稿时采用在长方形中切出梯形平面的方式。屋顶较为复杂，在刻画时需要注意厚度与结构。

图 6.1

6.1.2　线稿分析

因为建筑左侧面积较大，因此将左侧设计为建筑亮面，右侧设计为建筑暗面，不用为大面积的建筑暗部上色，建筑在地面的阴影排线方向应顺着透视方向绘制，如图 6.2 所示。

6.1.3　新建画布

01 在 iPad 中打开 Procreate 软件，进入图库，点击"+"图标，在画布预设中有很多预先设置好的尺寸可选，点击"自定义画布"按钮 ，如图 6.3 所示。

02 在"自定义画布"界面中设置尺寸为 4956×3504px，设置分辨率为 300，如图 6.4 所示。

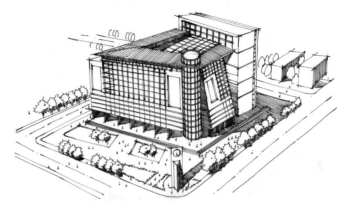

图 6.2

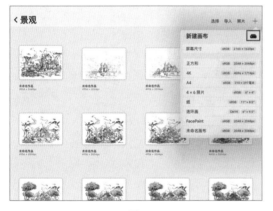

图 6.3

图 6.4

03 设置"颜色配置文件"为 RGB 属性，如果是印刷文件，则需要设置颜色属性为 CMYK。设置完成后点击 创建 按钮确定，如图 6.5 所示。

图 6.5

6.1.4 建立亮点透视辅助线

01 导入本例的参考图,在"图层"面板中点击参考图图层,选择"拷贝"选项,将参考图进行复制。再进入上一节新建的画布中,在"操作"面板的"画布"命令区选择"粘贴"选项,将参考图粘贴到新的图层中,将参考图的尺寸缩放到适合画布的尺寸,如图 6.6 所示。

图 6.6

02 在"图层"面板中点击图层名称右边的 N 按钮,打开图层混合选项,降低不透明度,让照片变成半透明状态,以便作为线稿绘图的参照,如图 6.7 所示。

图 6.7

03 设置透视参考线。点击工具栏中的"操作"按钮,打开"操作"面板,将"绘图指引"开关打开,如图 6.8 所示。

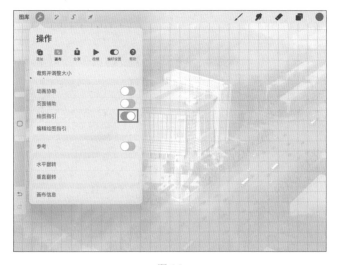

图 6.8

04 选择"编辑绘图指引"选项，打开"绘图指引"界面，激活"透视"按钮，在地平线区域点击，根据地面两点透视的延伸线放置灭点，如图 6.9 所示。

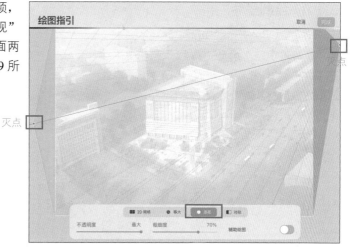

图 6.9

05 准备绘制草图。首先在 Procreate 中点击工具栏中的"画笔"按钮 ✏️，在弹出的"画笔库"界面中选择笔刷，本例使用"Procreate 铅笔"笔刷，如图 6.10 所示。

图 6.10

06 在图层列表中点击"+"图标，新增一个图层，新增的图层位于照片图层之上，如图 6.11 所示。

图 6.11

6.1.5 绘制线稿

01 铅笔定形：用"Procreate 铅笔"笔刷在图纸上确定构图后，确定建筑外形和材质分隔，玻璃幕墙要用双线的玻璃材质线将大面积的幕墙分隔成小块玻璃，如图 6.12 所示。

图 6.12

02 绘制行道树：确定周边行道树的位置。行道树宜成组布置，注意前后遮挡关系。起草图时，线条不要画得太乱，如图 6.13 所示。

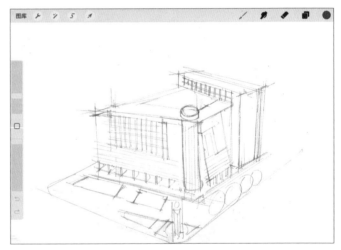

图 6.13

03 绘制远景：在画面右边增加一些远景建筑的虚框，使配景更丰富一些，如图 6.14 所示。

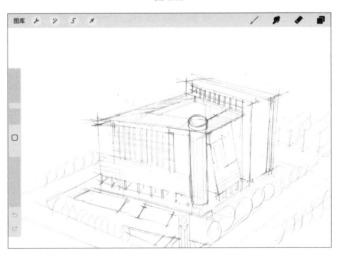

图 6.14

6.1.6　绘制正式线稿

01 绘制完成后，点击工具栏中的"图层"按钮![图层按钮]，打开"图层"界面，点击"线稿草图"图层的 N 按钮，设置"不透明度"为 20%，将这个草图作为正式线稿的底图使用，如图 6.15 所示。

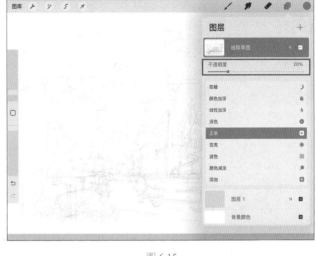

图 6.15

02 Procreate 软件默认的笔刷可以校正抖动，由于在手绘建筑线稿时不希望有太工整的笔触。点击工具栏中的"画笔"按钮![画笔按钮]，在弹出的"画笔库"界面中选择"勾线笔"笔刷，向左滑动该笔刷，点击"复制"按钮复制一个新的笔刷（在改变笔刷属性时要新建一个笔刷后再进行修改，保留原来笔刷的属性），如图 6.16 所示。

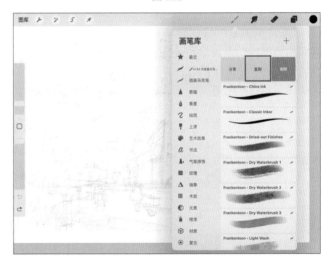

图 6.16

03 点击新复制的笔刷，打开"画笔工作室"界面，将"稳定性"选项的"数量"设置为 0。这样就关闭了该笔刷的自动抖动校正功能，可以产生自然的手绘效果，如图 6.17 所示。

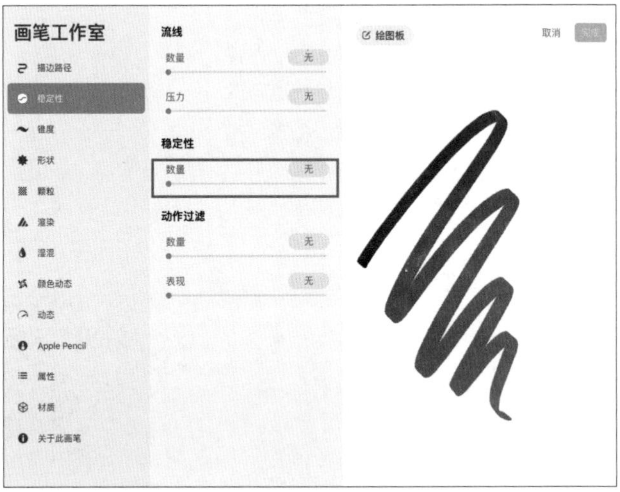

图 6.17

04 为了在绘制线稿时防止手势误操作，点击工具栏中的"操作"按钮 🔧，打开"操作"面板，选择"手势控制"选项，如图 6.18 所示。

图 6.18

05 线稿勾勒：根据铅笔稿勾勒建筑主体墨线，大面积的建筑暗部不用排阴影线，小面积的建筑暗部顺着短边排阴影线，如图 6.19 所示。

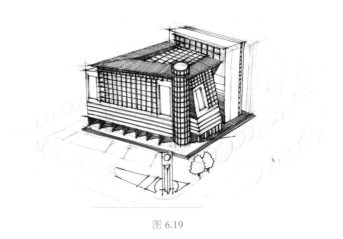

图 6.19

06 刻画建筑周边环境：包括城市道路、行道树、绿地等。注意下笔要一步到位，线条不能重复勾画，如图 6.20 所示。

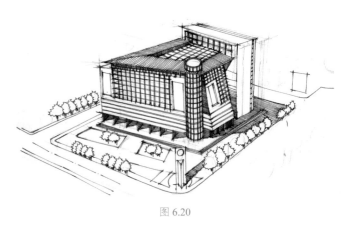

图 6.20

07 勾勒远方的远景建筑体块：在地面上画一些小人来丰富地面。注意要控制好小人的密度，如图 6.21 所示。

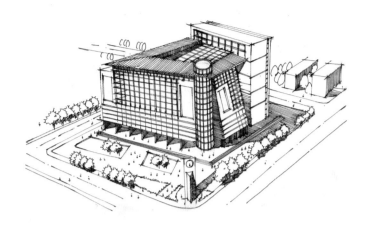

图 6.21

6.1.7　线稿上色

01 新建一个图层，并将其拖动到"正式线稿"图层的下方。选择"马克笔OK正旭专用"笔刷，在界面左侧调整笔刷的尺寸和透明度，如图 6.22 所示。

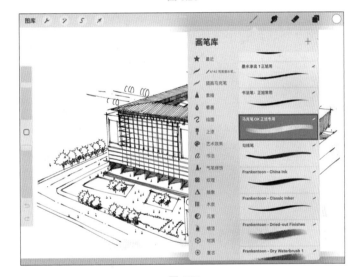

图 6.22

02 这里跟大家分享一个实用上色技巧，如果有非常好的效果图，想用这个效果图的调色盘，可以自定义调色盘。手指向上滑动 iPad 底部，弹出常用工具栏，如图 6.23 所示。

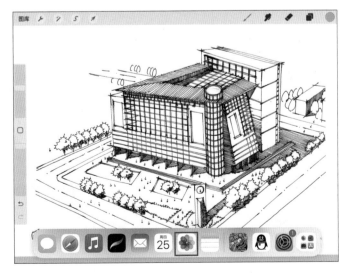

图 6.23

03 用手指将相册移动到 Procreate 界面右侧，此时会发现 Procreate 给相册空出了一部分空间。松开手指，两个软件就会同时出现在界面上，如图 6.24 所示。

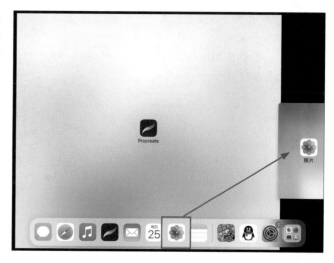

图 6.24

04 在 Procreate 中打开"调色板"界面，在相册中找到刚才的那张图片，如图 6.25 所示。

图 6.25

05 将图片拖动到调色板的空白区域，系统将自动根据该图片的颜色调取颜色数据，自动生成一个调色板，如图 6.26 所示。

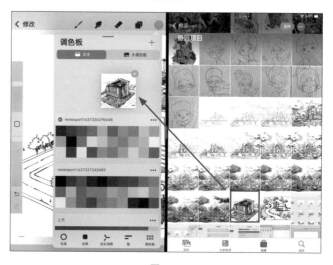

图 6.26

06 生成调色板后，就可以用这个调色板来创作了，还可以给这个调色板进行命名，非常方便实用，如图 6.27 所示。

图 6.27

07 地面和草地上色：用▦▦（R227，G190，B134）色给建筑墙体铺第一遍色，用▦（R70，G80，B85）色铺建筑屋顶，用▦（R160，G180，B190）色铺建筑玻璃，亮部的玻璃需要留白，暗部的玻璃平铺即可，如图 6.28 所示。

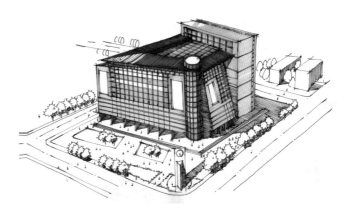

图 6.28

08 中景植物上色：用▦▦（R146，G185，B122）色铺草地和行道树，铺行道树时左上部分需要留白，用▦（R166，G156，B168）色平铺建筑前的广场地面，如图 6.29 所示。

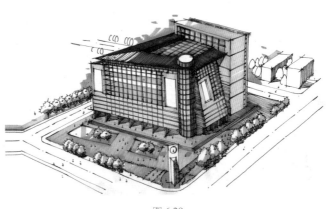

图 6.29

09 道路和路边的配景上色：用 ▆ （R194，G200，B208）和 ▆ （R146，G185，B122）色沿短边顺着透视方向铺城市道路和路边的配景。注意边缘要虚画。用 ▆ （R70，G80，B85）色画建筑地面的阴影。阴影要画得透气一些，如图6.30所示。

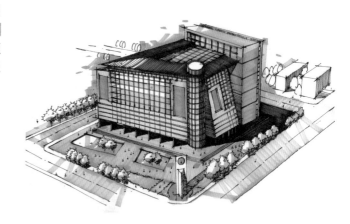

图 6.30

10 玻璃上色：用 ▆ （R146，G168，B184）色给玻璃点缀一些暗色块，如果暗部不够重，可以用黑色线通过排线的方法整体加重，排线方向顺着短边透视。用高亮色给玻璃幕墙的分隔线上打几笔高光（以加强对比），如图6.31所示。

图 6.31

11 整体调整：用 ▆ （R124，G133，B147）色顺着短边透视给城市道路铺重色，注意要突出道路的颜色层次变化。用 ▆ （R140，G170，B113）色给远处的绿化压重色。让画面更加有分量感，而不是简单地浮在纸面上，如图6.32所示。

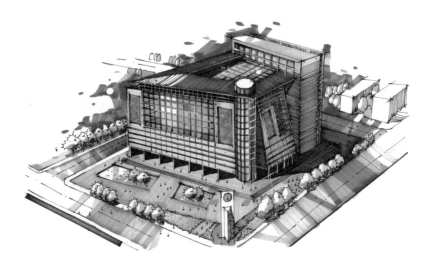

图 6.32

6.2　高层写字楼效果图绘制

画高层建筑时应注意，高层建筑的透视感比较明显，尤其是高层上部分的透视线很斜，初学者在打铅笔稿时可以通过设定透视灭点来增加透视的准确度。

6.2.1　上色分析

建筑玻璃采用的是湿接法上色，所谓湿接法，就是为玻璃上一遍颜色后再叠加一遍颜色，颜色选用时从上到下分别为红、黄、绿、蓝，颜色比较丰富，画面比较绚丽，如图 6.33 所示。

图 6.33

6.2.2　线稿分析

太长的竖线可以借助 Procreate 的速形功能（绘制线条后长按几秒钟），入口处为一点透视。高层建筑不宜绘制大型的收边树，可绘制树枝来平衡构图，如图 6.34 所示。

图 6.34

6.2.3 绘制线稿

01 在 iPad 中打开 Procreate 软件，进入图库，点击"+"图标，在画布预设中有很多预先设置好的尺寸可选，点击"自定义画布"按钮 ▬，设置画面尺寸如图 6.35 所示。设置完成后点击 按钮确定。

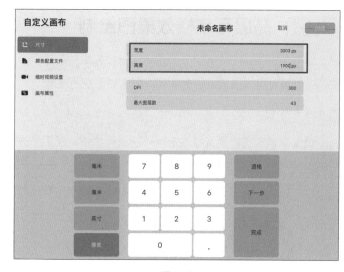

图 6.35

02 点击工具栏中的"画笔"按钮 ✎，在弹出的"画笔库"界面中选择"勾线笔"笔刷，参照照片进行线稿绘制，如图所示。线稿绘制完成后，在图层列表中点击"+"图标，新增一个图层，新增的图层位于线稿图层之下。用尺子打长竖线，将建筑的主要体块确定。注意体块的结构要表现准确，如图 6.36 所示。

图 6.36

03 绘制环境：绘制建筑材质和周边环境，弧线玻璃分隔时注意玻璃幕墙上每块玻璃的宽窄变化，如图 6.37 所示。

图 6.37

04 勾勒建筑主体线稿和配景：小片的玻璃用双线分隔，大片的玻璃幕墙用单线分隔，如图 6.38 所示。

图 6.38

05 绘制配景：勾勒建筑周边的配景和材质细节，中远景中的树木不宜过高，如图 6.39 所示。

图 6.39

6.2.4　导入色板

01 导入色板。在绘制效果图时，需要使用一个固定的色板，在 Procreate 中通过上一节绘制的上色分析图样，可以得到一个色板。首先将色彩分析图保存在 iPad 相册中，在"调色板"面板中点击"+"图标，选择"从'照片'新建"选项，如图 6.40 所示。

图 6.40

02 在弹出的相册中选择上色分析图样，此时"调色板"界面中就多了一个新建的调色板，如图 6.41 所示。

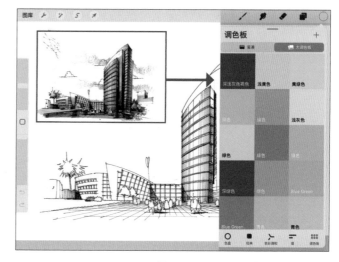

图 6.41

6.2.5　线稿上色

01 乔木上色：点击工具栏中的"画笔"按钮 ![笔], 在弹出的"画笔库"界面中选择"马克笔 OK 正旭专用"笔刷进行上色，如图 6.42 所示。

图 6.42

02 玻璃上色：建筑玻璃的铺色要一气呵成，从上到下依次为 ![色](R246，G193，B130）色、 ![色]（R134，G205，B177）色、 ![色]（R102，G175，B124）色和 ![色]（R166，G222，B240）色，上色时注意色彩要进行叠加处理，如图 6.43 所示。

图 6.43

03 其他建筑玻璃上色：用▌▌（R40，G192，B216）色处理其他体块的建筑玻璃，在主入口处叠加一些▌▌（R135，G213，B235）色和▌▌（R148，G207，B148）色来丰富入口处的镜面反射。由于玻璃的反光会让画面颜色更加丰富，所以在上色时一定要把颜色的多变性表现出来，如图 6.44 所示。

图 6.44

04 配景上色：用▌▌（R118，G133，B131）色和▌▌（R77，G89，B91）色处理入口处的地面，地面颜色比较重，在上色时一定要表现出地面颜色的透气性。用▌▌（R136，G206，B180）色、▌▌（R110，G169，B126）色和▌▌（R172，G202，B116）色处理配景植物。注意一定要画出配景植物的颜色层次，如图 6.45 所示。

图 6.45

05 整体调整：切换成"Procreate 铅笔"笔刷，用蓝色绕线画天空，线条虽然看起来比较乱，其实是按"S"形排线的方式描绘的。用▌▌（R91、G93、B95）色压最重的建筑体块暗部，如图 6.46 所示。

图 6.46

第7章
Q版动漫创意绘画

　　什么是 Q 版呢？有人说，Q 版是一种梦幻、卡通、可爱的人物形象。其实 Q 版真正的解释是英文 cute(可爱）的谐音 Q，意为俏皮可爱的漫画风格。设计师通过对动漫形象的比例加以夸张和变形，让越来越多的动漫迷喜欢上了 Q 版风格。

7.1　Q 版动漫人物的特点

在绘制漫画人物时，要想准确地绘制出各种风格人物的造型，必须掌握好人物身体结构的基本知识，这对画好漫画来说很重要。Q 版漫画就是把人们熟悉的漫画人物改变绘制成 2 头身或是 3 头身的漫画作品，体现人物童趣、可爱、调皮、好玩的特点，如图 7.1 所示。

图 7.1

7.2 从真实形象到 Q 版漫画形象的转变

为了使画中的人物更为美观，漫画中的人物形象不是完全按照真实人物的身体比例结构画的，而是在基本结构中进行变形夸张，从而达到美观的效果，如图 7.2 所示。

Q 版漫画人物重点体现在头部，所以人物的头部特别大，细节也比较多。

Q 版漫画少年的身体比较短小，整个身子的细节减少。

真实少年　　　　　　漫画少年　　　　　　Q 版漫画少年

Q 版女孩子的手臂和腿都特别短小圆润，看起来特别可爱。

真实少女　　　　　　　　　漫画少女　　　　　　　　Q 版漫画少女

图 7.2

7.3　Q 版人物的头身比例

　　Q 版人物的头高比例更多样一些，一般常见的有 4 个头高、3 个头高、2 个半头高和 2 个头高。下面是一些头高比例的示范，可以观察一下它们之间有什么不同的表现效果，如图 7.3 所示。

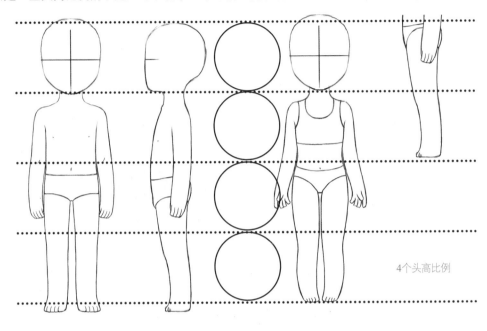

4个头高比例

图 7.3

　　在 Q 版漫画风各种，人物的头身比例大多为 4 个头身、3 个头身和 2 个头身，人物体形偏儿童，主要是为了表现出可爱的效果，如图 7.4 所示。

2个头高

2个半头高比例

图 7.4

7.4　舞台上的美少女

　　为 Q 版漫画人物上色，要根据所需的画风来决定上色方法和步骤。下面是一幅美少女的漫画，大家一起来研究其上色步骤和方法要领，如图 7.5 所示。

图 7.5

　　这是一幅以暖色为基调的彩色漫画，色彩朴素，色调柔和。在画这类图时一定要注意颜色的选择，既要选择同类色，又不能雷同，否则画面会显得比较灰。

7.4.1　画面绘制的细节分析

图 7.6 和图 7.7 为画面的细节。

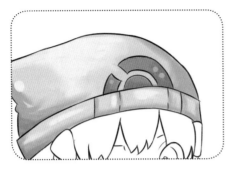

给女孩子的帽子上色时，先选择合适的颜色，然后刻画
出帽子颜色的变化，最后刻画出帽子上面的小标志。

给头发上色时，先刻画出头发的底色，然后再刻画
头发的暗面和亮面。

给人物的皮肤上色时，颜色的深度一定要控制好，底色
选择白皙一点的肤色刻画，暗面的颜色稍微重一点。

小女孩双臂的上色方法和脸部的上色方法一样，要
刻画出粉嫩的感觉。

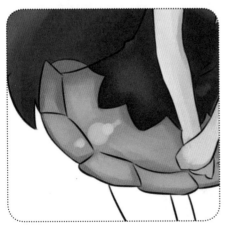

在刻画裙子的右半边时，先选用粉色的笔刻画，然后
选用紫红色刻画裙子的暗面，最后选用偏白一点的
淡粉色刻画出亮面。

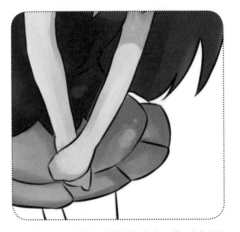

裙子的左半边和右半边的刻画方法一样，注意颜色
不能太沉闷。

图 7.6

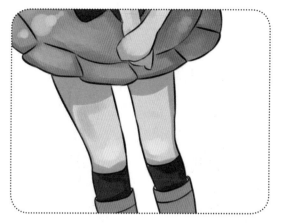 

先选用粉粉的肉色刻画腿部的细节部分，再选用重粉
色刻画腿部的暗面。

小女孩的袜子选用黑灰色刻画，小靴子选用桃红色的
笔平涂，注意颜色要涂抹均匀。

给舞台背景上色时，先选用暖黄色开始刻画，颜色一定
要平涂均匀，颜色过渡要自然。

继续刻画舞台背景颜色，由于颜色比较多，在刻画时同
一色系要由深到浅刻画。

刻画暖黄色的灯光时，要刻画出灯光的特征，注意灯光的颜
色一定要刻画得比较柔和清透。

刻画舞台上面的光斑时，一定要刻画出光斑的特征，
中间实，两边虚。

图 7.7

7.4.2　建立剪辑蒙版

Procreate 的剪辑蒙版功能可以保护选定区域以外的地方不受影响，下面介绍具体的操作方法。

01 在"图库"界面中点击界面右侧的"导入"选项，导入本例图片，如图 7.8 所示。

02 在"图层"面板中选中"背景颜色"右侧的复选框，打开背景色，如图 7.9 所示。

图 7.8

图 7.9

03 向左滑动动漫图层，点击"复制"按钮，复制一个动漫图层，如图 7.10 所示。

04 下面为这个复制的图层填色，在"颜色"面板中选择灰色，如图 7.11 所示。

图 7.10

图 7.11

05 在上色之前一定要检查线稿的完整性，不能出现断线，否则在填色时会溢出。将颜色拖动到动漫图层上，给线框内部填色，如图 7.12 所示。

06 在图层列表中点击"+"图标，新增一个空白图层，新增的图层位于灰色填充图层之上，如图 7.13 所示。

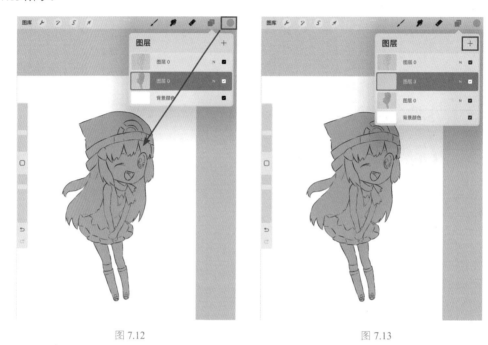

图 7.12　　　　　　　　　　　图 7.13

07 轻点这个空白图层，在弹出的快捷菜单中选择"剪辑蒙版"命令，如图 7.14 所示。

08 这样操作后，在空白图层中的上色都会围绕下面的灰色图层范围进行，不会溢出到背景上，如图 7.15 所示。

图 7.14　　　　　　　　　　　图 7.15

7.4.3　画面上色

下面给不同的区域上色，具体操作方法如下。

01 铺大色调，先给人物的头发铺上大的明暗色调，然后刻画人物的五官和手臂，如图 7.16 所示。

02 选用灰黑色刻画人物衣服的颜色，裙子选用桃红色上色，注意颜色的深浅变化要刻画到位，如图 7.17 所示。

图 7.16

图 7.17

03 给人物的腿和靴子上色，腿的上色和双臂的上色方法一样，颜色不能过重，最后给人物的靴子上色，如图 7.18 所示。

04 刻画后面舞台的背景颜色，注意主要选用暖色，颜色与颜色之间的变化要柔和。最后刻画舞台灯光的效果，不要忘记刻画光斑，这样画面会显得更绚丽，如图 7.19 所示。

图 7.18

图 7.19

7.5 雪中舞动的少女

雪中舞动的少女这种梦幻的背景，在漫画中经常会看到，这种简单的场景画比较容易把握，首先塑造好主体人物，然后刻画出背景的空间感，最后刻画一点梦幻的元素即可，如图 7.20 所示。

图 7.20

这是一幅颜色相对来说比较明快的图，在上色过程中要找出类比颜色，画的时候尽量保持颜色统一。这一节涉及的是梦幻背景的刻画。

7.5.1　画面绘制的细节分析

图 7.21 和图 7.22 为画面的细节。

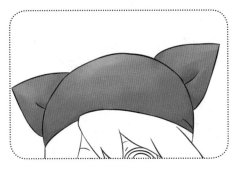

选用红色刻画小女孩的帽子的颜色,注意颜色的亮暗面要刻画到位。

小女孩的头发主要刻画出3个层面就能刻画出立体感,最后给人物的五官和脸部的皮肤上色。

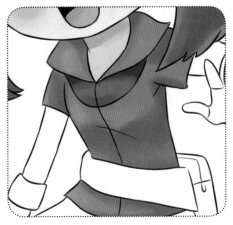

给人物的衣服上色,注意衣领处的颜色变化要刻画出来,衣服的亮面选用橘红色刻画。

刻画小女孩腰中的黄包包,主要选用黄色铺底色,然后选用橘黄色刻画包包的暗面。

刻画人物的裙子时,注意裙子的颜色比较淡,在刻画时颜色的深度一定要控制好,不要忘记给打底裤和手套上色。

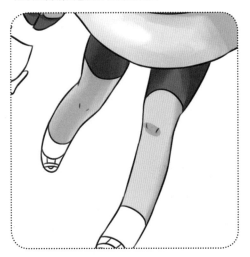

刻画腿部时,前面的腿暗面比较少,比较容易刻画,后面的腿受光线影响,暗面多,亮面少。

图 7.21

在刻画人物旁边的小鸡时，要先铺底色，然后再刻画暗面和亮面的颜色。

选用青绿色刻画背景的颜色，注意背景选择以颜色渐变的方式上色。

仍旧给背景上色，背景主要有三大块颜色，都是绿色系的颜色，注意颜色要涂抹均匀。

脖子上丝带的投影也要画出来，小细节能决定大品质，在画丝带时，要注意丝带的立体感和质感。

刻画背景的雪花点时，一定要把握好雪花点的密度，注意要适中。

继续为背景刻画雪花点，方法相同。

图 7.22

7.5.2　建立剪辑蒙版

建立剪辑蒙版可以保护线稿之外的区域，具体操作方法如下。

01 在"图库"界面中点击界面右侧的"导入"选项，导入本例图片，如图 7.23 所示。

02 在"图层"面板中选中"背景颜色"右侧的复选框，打开背景色，如图 7.24 所示。

图 7.23

图 7.24

03 向左滑动动漫图层，复制一个动漫图层，如图 7.25 所示。

04 下面为这个复制的图层填色，在"颜色"面板中选择灰色。将颜色拖动到动漫图层上，给线框内部填色，如图 7.26 所示。

图 7.25

图 7.26

[05] 在图层列表中点击"+"图标，新增一个空白图层，新增的图层位于灰色填充图层之上，轻点这个空白图层，在弹出的快捷菜单中选择"剪辑蒙版"命令，如图 7.27 所示。

[06] 点击"选择"按钮 ⑤，打开"选择"面板，在自动模式下选择填充按钮，设置颜色为白色，如图 7.28 所示。

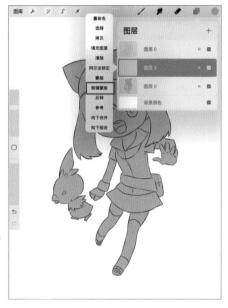

图 7.27

图 7.28

[07] 点击线稿内部的灰色区域，填充白色，这样更利于在绘制颜色时不会被灰色干扰，如图 7.29 所示。

[08] 这样操作后，在空白图层中的上色都会围绕下面的白色图层范围进行，不会溢出到背景上，如图 7.30 所示。

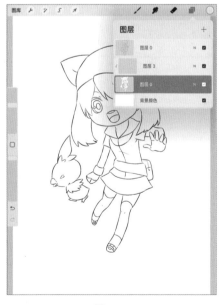

图 7.29

图 7.30

7.5.3　画面上色

下面给不同的区域上色，具体操作方法如下。

01 给人物的手臂和腿部上色，注意每一处皮肤的上色方法都是相同的，然后再给人物裙子和腰部的小包包上色，如图 7.31 所示。

02 给小女孩的头发和五官上色，注意 Q 版人物的头部是刻画的重点，然后给人物的衣服上色，如图 7.32 所示。

图 7.31

图 7.32

03 选用黑灰色给人物脚上的鞋子上色，接着选用中黄色给旁边的小鸡上色，然后选用淡黄色刻画出亮面，选用橘红色刻画出小鸡身上的暗面，如图 7.33 所示。

04 选用绿色系的颜色给画面的背景上色，注意颜色要从浅到深刻画。最后刻画出具有梦幻般感觉的雪花点，注意要把握好雪花点之间的间距，如图 7.34 所示。

图 7.33

图 7.34

7.6　魔法少年

　　魔法少年这幅画面非常可爱，Q 版漫画人物的个子比较矮小，特别是再配上一些搞笑的动作和姿势，让漫迷们看了觉得特别喜欢，也特别逗趣，如图 7.35 所示。

图 7.35

　　这是一幅颜色相对来说比较多的作品，因为画面中有两个人物，可以用同类色去刻画，这样比较容易控制画面颜色的深度，而且也不易出现错误。

7.6.1　画面绘制的细节分析

图 7.36 和图 7.37 为画面的细节。

选用浅黄色给帽子铺底色,注意选用平涂的上色方式,颜色一定要涂抹均匀。

选用灰色给头发上色,注意头发的层次不是特别明显,只需刻画出头发的亮暗面即可。

下面刻画站着的人物的眼睛,注意眼睛的高光要选择留白,头发的画法和上面一样,帽子也是塑造出亮暗面。

刻画人物的皮肤时,颜色的深浅一定要控制好,先铺底色,然后刻画暗面,最后刻画出小男孩的红脸蛋。

刻画站着的人物的裤子和鞋子时,先选用蓝灰色平涂,然后选用深蓝灰色刻画暗面。

对于趴在土豆上的人物,选用红色给上衣上色,然后选用湖蓝色给短裤上色。

图 7.36

给人物的帽子上色时，不要忘记上面装饰物的颜色也要刻画出来。还要记得给人物刻画出红脸蛋，这样更加可爱。

在上色时，颜色一定要涂抹到位，这样刻画出来的画面比较精美。

人物嘴里流淌的东西，也要选择合适的颜色把它形象地塑造出来。

可爱的人物手指头上的小火苗也不要忘记刻画，先选用橘色平涂，然后选用黄色刻画出边缘的颜色。

画面中比较重要的就是阴影部分，如果画面中没有阴影，就会感觉所有物体都飘在画中，失去了其自身的质量感。

最后刻画背景颜色，比较简单，先平涂底色，然后刻画上面的小白点。

图 7.37

7.6.2　建立单独的上色图层

下面为不同的上色区域进行分层，这样有利于保护画面其他部位不受影响。

01 在"图库"界面中点击界面右侧的"导入"选项，导入本例图片，如图 7.38 所示。

02 在"图层"面板中选中"背景颜色"右侧的复选框，打开背景色，复制一个动漫图层，如图 7.39 所示。

图 7.38

图 7.39

03 将新复制图层的帽子线稿留下，其他部分擦除。在"颜色"面板中选择灰色，将颜色拖动到帽子区域，给帽子线框内部填色，如图 7.40 所示。

04 继续复制一个动漫图层，将头发区域保留，其余部分擦除，用相同的方法填充灰色（以此类推，将所有单独上色的图层进行分层），如图 7.41 所示。

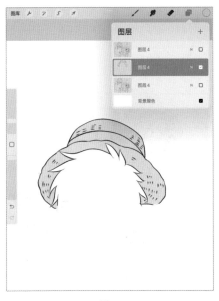

图 7.40

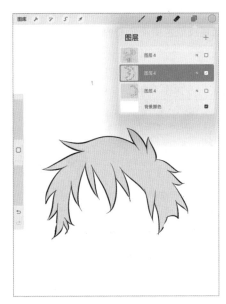

图 7.41

05 给帽子涂色，在帽子灰色填充图层上方新建一个空白图层，轻点这个空白图层，在弹出的快捷菜单中选择"剪辑蒙版"命令，如图 7.42 所示。

06 这样操作后，在空白图层中的上色都会围绕下面的灰色图层范围进行，不会溢出到背景上，如图 7.43 所示。

图 7.42

图 7.43

7.6.3 画面上色

下面给线稿上色，具体操作方法如下。

01 给帽子上色，每次上色前，检查线条的完整性是非常重要的一个步骤，如果在上色过程中发现断线，将会很大程度影响作画进度和质量，如图 7.44 所示。

02 选用皮肤色给两个 Q 版人物上色，注意两个人物的皮肤颜色都要刻画好，如图 7.45 所示。

图 7.44

图 7.45

03 给两个人物的衣服和鞋子上色，注意先平涂底色，然后选用合适的重颜色刻画出衣服的暗面，如图 7.46 所示。

04 给人物身下的大土豆上色，先铺底色，然后塑造出亮面部分，如图 7.47 所示。

图 7.46

图 7.47

05 刻画土豆上的蝴蝶结时，先选用红色平涂，然后再用淡粉色刻画出蝴蝶结的亮面，如图 7.48 所示。

06 刻画背景颜色，先选用浅绿色平涂，注意颜色一定要涂抹均匀，然后刻画出上面的白斑点，如图 7.49 所示。

图 7.48

图 7.49

7.7 猫耳少女

猫耳在萌漫画中非常常见，但是怎样才能画出毛茸茸的耳朵又不会显得突兀呢？通过下面这个案例，来学习一下萌萌猫耳少女的绘画过程，如图 7.50 所示。

图 7.50

这是一幅颜色相对来说比较灰的作品，这种高级灰色调的画面刻画起来比较有难度，一定要把握好颜色的深浅变化，这样再灰的画面也能塑造好层次感。

7.7.1　画面绘制的细节分析

图 7.51 和图 7.52 为画面的细节。

选用熟褐色给人物的头发上色,注意要刻画出人物头发的亮面和暗面。

刻画蓝灰色头发的人物时,先大面积铺底色,然后再用大笔刷塑造出头发的暗面。

塑造熟褐色头发的暗面,选用咖啡色刻画人物头发的暗面,注意颜色一定要涂抹均匀。

刻画耳朵上的毛时,选用红色,注意塑造出它的暗面。

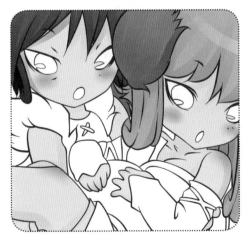

刻画人物的皮肤时,选用粉嫩的皮肤色平涂上色,然后再刻画出皮肤上的红晕。

塑造人物的五官时,注意颜色一定要漂亮,眼睛的高光和反光都要刻画出来。

图 7.51

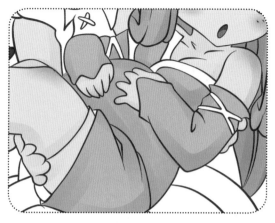 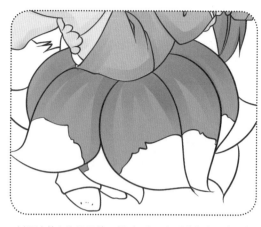

刻画被抱着的女孩的衣服时，先选用浅蓝色平涂，然后再选用深一点的颜色刻画衣服的暗面。

刻画站着人物裙子的下摆时，选用合适的颜色平涂，然后选用浅颜色刻画裙子的亮面。

刻画露出的上半身的衣服时，主要选用深紫红平涂上色，然后选用咖啡色刻画暗面。

花的主干选用深绿色平涂上色，叶子选用叶绿色平涂上色，花朵是本例刻画的重点。

给背景上色，比较简单，选用符合色调的颜色平涂上色。

最后刻画背景的梦幻元素，注意要刻画出中间实，四周比较虚的感觉，元素的间距一定要把握好。

图 7.52

7.7.2　调整近似色

调整近似色可以方便选择色彩的亮面和暗面颜色，提高工作效率，具体操作方法如下。

01 在"图库"界面中点击界面右侧的"导入"选项，导入本例图片，如图 7.53 所示。

02 在"图层"面板中选中"背景颜色"右侧的复选框，打开背景色，复制一个动漫图层，如图 7.54 所示。

图 7.53

图 7.54

03 点击 S 按钮打开"选择"面板，选择"手绘"工具，如图 7.55 所示。

04 框选要删除的区域（头发以外的区域），三指向下滑动，打开"拷贝并粘贴"浮动菜单，点击"剪切"按钮，将选区删除，如图 7.56 所示。

图 7.55

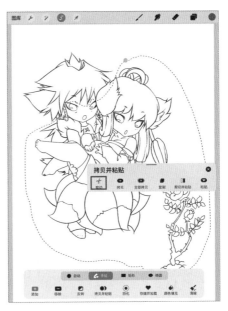

图 7.56

05 头发线框图层目前已经单独提取，如图 7.57 所示。

06 给头发图层填色，先填基础色（褐色），如图 7.58 所示。

图 7.57

图 7.58

07 打开调色盘，设置颜色为"近似"，提取近似色，近似色用于找出头发的亮面和暗面，如图 7.59 所示。

08 为头发涂抹高光和暗部，如图 7.60 所示。

图 7.59

图 7.60

7.7.3　画面上色

下面给线稿上色，具体操作方法如下。

01 在刻画线稿时，一定要把两个人物的细节刻画到位，然后再给人物的头发上色，如图 7.61 所示。

02 选用灰蓝色给另一个人物的头发上色，注意区分亮暗面，选用红色刻画人物的耳朵，如图 7.62 所示。

图 7.61

图 7.62

03 刻画人物的皮肤和五官，注意女孩子的皮肤一定要刻画得细嫩一些，人物的五官一定要把细节刻画到位，如图 7.63 所示。

04 为人物的衣服上色，还是先平涂底色，注意颜色不能太深，这是一幅灰色调的画面，注意五官也要顺便刻画出来，如图 7.64 所示。

图 7.63

图 7.64

05 刻画旁边的花，主要用到了 5 种颜色，先选用粉红色平涂，然后再用深红色刻画暗面，再选用白色刻画上面的高光，如图 7.65 所示。

图 7.65

06 主体物刻画完成后，选用浅一点的熟褐色刻画背景颜色，注意颜色一定要涂抹均匀，最后刻画出后面的雪花点，如图 7.66 所示。

图 7.66

　　动漫美少女是大家比较喜欢画的类型之一，萌萌的造型、可爱的服饰及明朗的二次元上色风格，无不让无数动漫迷们为之狂热，本章将学习两组美少女动漫上色案例，帮助读者熟练掌握 Procreate 软件的各项功能和上色流畅。

8.1　丰富多彩的漫画人物

　　漫画中的人物形形色色，有的可爱、有的成熟、有的恬静、有的疯狂，正是因为有这些丰富多彩的漫画人物，才使得漫画故事拥有强烈的吸引力，如图8.1所示。

沙村广明作品　　　　　　　　　井上雄彦作品　　　　　　　　　　　美水镜作品

写实漫画的人物与真实人物的相似度较高，身体轮　　Q版漫画人物头大身子小，细节表现省略，表情神
廓分明，比例接近现实人物比例，真实感比较强。　　态夸张，给人以幼小可爱的感觉。

高星麻子作品　　　　矢泽爱作品　　　　　　　　小畑健作品

少女漫画通常追求华丽唯美的风格，对于人物的描　　少年漫画的风格通常比较写实，人物特征比较夸张
绘比较细腻，美型度较高。　　　　　　　　　　　突出，在人物设定之初就要把人物特点嵌进去。

图 8.1

8.2　从真实人物到漫画人物形象的转变

　　为了使画中的人物更为美好，漫画中的人物形象不是完全按照真实人物的身体比例结构画的，而是在基本结构中加以变形夸张，从而达到美观的效果，如图8.2所示。

漫画人物

真实人物

漫画人物的手臂比较细，没有真实人物那么有肌肉感。所以在用线上非常讲究，线条要流畅。

漫画人物的头部一般都被画得非常帅气，脸型也比真人完美。在刻画时一定要把握这个原则，才能画出更好看的漫画。

仔细看漫画人物的腿，一般都比较修长，比真实人物的腿好看很多。

真实人物

图 8.2

漫画人物

8.3 线条与块面的应用

漫画中的线条与块面都是很重要的元素，缺一不可。建筑、人物、自然物和对话框的绘制都离不开线条与块面的表现。

8.3.1 线条的应用

表现人物的线条大多以曲线为主，主要用来体现人物的造型。在刻画一个人物时，可以先从草稿开始。草稿图的线条又多以直线为主，以便把握住人物的结构和动态，如图 8.3 所示。

脸部、脖子及人物的肩部的线条都可以运用短直线来表现。

收笔的线条比较直，体现出年轻女孩的纤细和瘦小。

手臂与腿部可运用长直线来表现。

可以用短小的线条来表现服装的褶皱。

腿部比较修长，可以用弧度较小的曲线来表现。

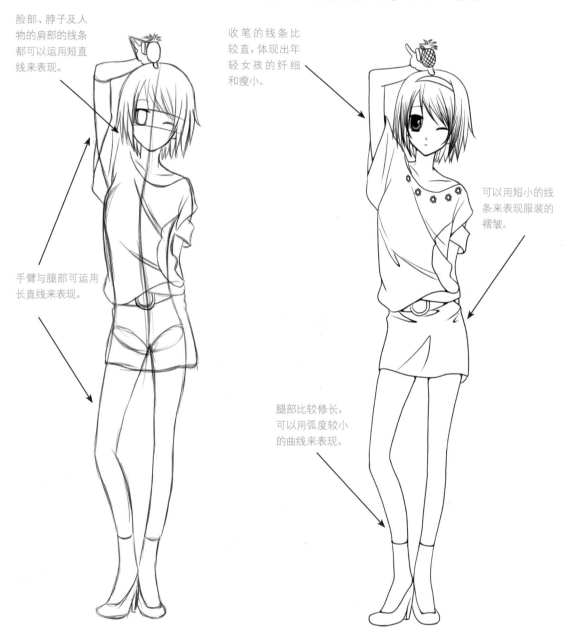

图 8.3

8.3.2　块面的应用

将人物以块面的形式大致区分出来，能够让人物的形象瞬间变得丰满起来，如图 8.4 所示。

运用不同明度的单色
分别填充人物的头
发、衣服、裙子等部
位，对人物的色调进
行大致区分。

在区分好的块面
中再区分出阴影区
域，就能够体现出
人物的立体感。

图 8.4

8.4 色彩知识

在学习上色技法之前，先来了解一下色彩属性。只有充分掌握色彩的相关知识，才能画出漂亮的作品来。

8.4.1 三原色

光的三原色由红、绿、蓝 3 种颜色组合而成，光线越加越亮，两两混合可以得到更亮的中间色：黄、青和品红。3 种颜色等量组合可以得到白色，如图 8.5 所示。

颜料的三原色由青、品红、黄三色组成。黄和品红混合为蓝色，黄色与青混合为绿色，三色混合为接近黑色的深褐色，如图 8.6 所示。

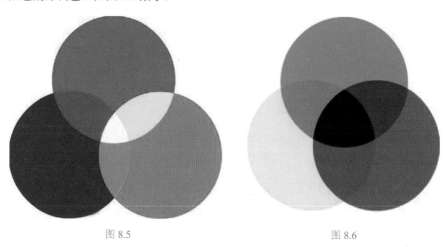

图 8.5   图 8.6

8.4.2 补色和同色

在色环中，处于对角的颜色互为补色。例如，红色的补色是绿色，橙色的补色是蓝色，黄色的补色是紫色，如图 8.7 所示。同色是指颜色相近的一系列颜色，如图 8.8 所示。

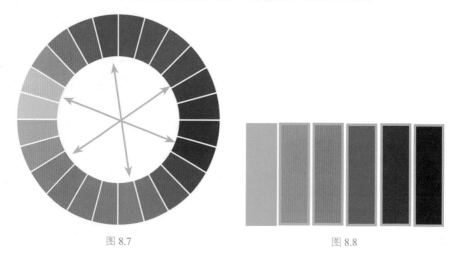

图 8.7   图 8.8

在画面中大面积使用补色，画面的冲击力会很强，如果使用得好，会得到意想不到的效果，但是如果对于颜色的控制不够，画面就会很乱，显得花哨，如图 8.9 所示。

图 8.9

　　同类色的画面显得十分柔和，并且容易被大众接受，但是若运用不当，整个画面就会发灰，主题不突出，没有重点，没有冲击力，如图 8.10 所示。

图 8.10

　　大多数情况下，补色和同色会出现在同一个画面中，这样，既不会显得单调，又不会太突兀，如图 8.11 所示。

图 8.11

8.4.3 冷色调与暖色调对比

不同的色调给人的感觉是不一样的，总体可以分为暖色调和冷色调。比如红色系就属于暖色调，蓝色系就属于冷色调。图 8.12 所示为两幅冷色调和暖色调的图，冷暖色调给人的感觉是完全不同的，在上色过程中一定要注意色调的把握。一幅完整的画一定要有统一的色调。

图 8.12

8.4.4 绘画的光影色调

想要表现出物体的立体感，就一定要了解光影知识，图 8.13 所示为物体受到光线影响的影调。

图 8.13

光影应用在漫画作品中，不管是人物头发，还是衣服、皮肤或者携带的物品，都有着光影的变化，都有受光面、背光面和投影。光线越强烈，反射光越强；如果光线较弱，画面就会比较柔和，光线的感觉不是很明显，如图 8.14 所示。

图 8.14

8.5 节日里的女孩

在画线稿时，注意线的粗细变化，画完线稿后，要保证线稿的完整性，如图 8.15 所示。

眼睛是人物面部的重要组成
部分，所以在刻画眼睛时，要
先准确地刻画出眼睛的上下眼
帘，特别是上眼帘的厚度要刻
画到位。外形刻画好之后，再
给眼睛上色。

手是画面的视觉焦点，所以要仔细刻画
手的动态，注意线条的交叉关系要明
确化，这样画出来的手会显得比较美。

图 8.15

8.5.1　从黑白照片中提取线稿

从黑白线稿中提取镂空线条，有利于分层上色，首先要将白色背景去掉，具体操作方法如下。

01 在"图库"界面中点击界面右侧的"照片"选项，导入本例图片，如图 8.16 所示。

02 为了更好地进行蒙版剪切操作，需要提取图片的线稿。点击图层，在弹出的快捷菜单中选择"拷贝"命令，如图 8.17 所示。

图 8.16

图 8.17

03 继续点击图层，在弹出的快捷菜单中选择"蒙版"命令，如图 8.18 所示。

04 三指向下滑动，打开"拷贝并粘贴"浮动菜单，点击"粘贴"按钮，将图层复制到新的图层蒙版上，如图 8.19 所示。

图 8.18

图 8.19

05 点击"图层蒙版"图层，在快捷菜单中选择"反转"命令，提取线稿，如图 8.20 所示。

06 双指捏合上下两个图层，将所有图层合并，线稿提取完毕，如图 8.21 所示。

图 8.20

图 8.21

8.5.2 为不同部位分层

下面为身体不同的上色部位分层，分层的好处是让各个区域互不干扰，有利于绘画效率提高，具体操作方法如下。

01 在"图层"面板中点击"背景颜色"右侧的复选框，打开背景色，复制一个图层，如图 8.22 所示。

02 点击 **5** 按钮打开"选取"面板，选择"手绘"工具，框选头发区域，如图 8.23 所示。

图 8.22

图 8.23

03 选择"拷贝并粘贴"选项，将上一步的头发选择区域粘贴到新的图层中，如图 8.24 所示。

04 目前，头发是单独图层，可以用橡皮擦工具将多余的线条删除，如图 8.25 所示。

图 8.24

图 8.25

05 为头发涂色（将灰色拖动到头发区域即可进行填色，前提是头发要有封闭的曲线），如图 8.26 所示。

06 在头发灰色填充图层上方新建一个空白图层，轻点这个空白图层，在弹出的快捷菜单中选择"剪辑蒙版"命令，如图 8.27 所示。

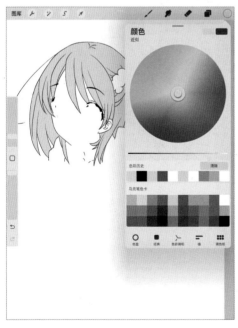

图 8.26

图 8.27

8.5.3　为画面上色

　　下面按照分好的图层为人物上色，具体操作方法如下。

　　`01` 要为头发图层填色，先填基础色（粉红色），由于使用了剪辑蒙版，不会涂抹到头发以外的区域。后面将为不同的位置进行分层，并设置剪辑蒙版，这里不再赘述，如图 8.28 所示。

当颜色分布得比较多时，可以把一种颜色同时刻画到位。这样不容易忘记某些部位的颜色。

为头发上色，采用平涂的上色方式，注意颜色一定要涂抹得均匀点。

图 8.28

　　`02` 头发的底色上色完成后，选用肉色给皮肤上色，如图 8.29 所示。

图 8.29

03 为给衣服铺底色，选用大红色给衣服上色，如图 8.30 所示。

选用黑色给女孩腰上的腰带上色，接着选用深红色给女孩手中的玫瑰上色，注意颜色一定要涂抹均匀。

在给人物胸前的衣服上色时，要特别注意，不能上到皮肤上面。

图 8.30

04 为人物的眼睛和头上的饰品上色，注意颜色一定要刻画到位，如图 8.31 所示。

图 8.31

05 底色刻画完成后，深入刻画头发的暗面，头发的暗面选用粗一点的笔刻画，这样容易塑造出头发的层次感，如图 8.32 所示。

图 8.32

在刻画头发的亮面和反光面时，要刻画出头发光亮的质感，这样头发会更有质感。

头部是绘画时要塑造的重点，要仔细刻画头部的每一处细节，特别是人物的五官，头发也是重点塑造物之一。

06 刻画头发的亮面和反光面，主要选用淡黄色和淡粉色上色，如图 8.33 所示。

图 8.33

07 继续深入刻画人物的皮肤，选用紫红色刻画人物的脖子、胸部和脸部的暗面，如图 8.34 所示。

图 8.34

在塑造衣服颜色的层次感时，先刻画衣袖里暗面的颜色，然后再刻画亮面的颜色的层次感。

注意头发和额头处的暗面，主要顺着头发的造型进行刻画，这样刻画出的暗面比较逼真。

08 深入刻画人物衣服的层次感，主要刻画衣服的暗面和亮面的颜色，增加衣服的层次感，如图 8.35 所示。

图 8.35

09 深入刻画眼睛时，先刻画眼睛的暗面，然后刻画眼睛的灰面和反光面，最后塑造出眼睛的高光，如图 8.36 所示。

10 准备刻画衣服上面的花朵，这是画面中的一大亮点，如图 8.37 所示。

图 8.36

图 8.37

先刻画肩部和右衣袖的细节，在刻画衣服上面的花朵时，一定要注意褶皱处的花朵，要随着褶皱的起伏进行刻画。

在漫画人物的面部，眼睛所占的面积比较大，是五官中的重点，所以要把眼睛作为重点刻画对象。

漫画人物手中的玫瑰花在光线的照射下，颜色的层次感比较多，要把玫瑰花上面的细节都刻画出来。

11 刻画左衣袖上面的花朵，如图 8.38 所示。

先刻画出花瓣的外形，然后再刻画出花芯的颜色，最后选用黄色刻画出花蕊的颜色。

注意衣服上面的花主要有3种颜色，一种颜色上完后再上另外一种颜色，这样比较快。

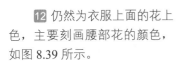

图 8.38

12 仍然为衣服上面的花上色，主要刻画腰部花的颜色，如图 8.39 所示。

图 8.40 所示为最终效果。

图 8.39

图 8.40

8.6 萌型美少女

线稿的刻画很重要，当线条比较复杂时，必须强调线稿的主次关系，这样整个线稿就显得比较有立体感，如图 8.41 所示。

小女孩裙子的花边比较多，给画面增加了一定的难度，在刻画女孩的裙子时，先勾画出外形，然后再仔细刻画细节。

画面比较复杂，刻画完主要人物后，再刻画后面的小精灵。

图 8.41

8.6.1 从彩色图片中提取线稿

在绘画过程中，经常会遇到为一张彩色图片提取线稿的情况，下面针对彩色图片的线稿提取技巧进行讲解，具体操作方法如下。

01 在"图库"界面中点击界面右侧的"照片"选项，导入本例图片，如图 8.42 所示。

02 点击 ✐ "调整"按钮，打开"调整"面板，选择"色相、饱和度、亮度"选项，如图 8.43 所示。

图 8.42

图 8.43

03 将"饱和度"滑块拖动到最左侧，将饱和度调到最低，如图 8.44 所示。

04 点击"调整"按钮 ✐，打开"调整"面板，选择"曲线"选项，如图 8.45 所示。

图 8.44

图 8.45

05 拖动曲线点，让灰度系列的颜色消失，如图 8.46 所示。

06 曲线变化之前的效果如图 8.47 所示。

图 8.46

图 8.47

07 点击图层，在弹出的快捷菜单中选择"拷贝"命令，如图 8.48 所示。

08 继续点击图层，在弹出的快捷菜单中选择"蒙版"命令，如图 8.49 所示。

图 8.48

图 8.49

09 三指向下滑动，打开"拷贝并粘贴"浮动菜单，点击"粘贴"按钮，将图层复制到新的图层蒙版上，如图 8.50 所示。

10 粘贴后的画面如图 8.51 所示。

图 8.50

图 8.51

11 点击"图层蒙版"图层，在弹出的快捷菜单中选择"反转"命令，提取线稿，如图 8.52 所示。

12 双指捏合上下两个图层，将所有图层合并，线稿提取完毕，如图 8.53 所示。

图 8.52

图 8.53

8.6.2 为画面上色

下面为线稿上色，具体操作方法如下。

01 涂色之前先检查线稿是否封闭，为以后填充颜色打好基础，如图 8.54 所示。

02 线稿完成以后，下面开始为线稿上色，先给小女孩的头发和皮肤上色，如图 8.55 所示。

图 8.54   图 8.55

03 给小女孩的裙子上色，选用天蓝色给裙子上色，然后选用深蓝色给头发上面的蝴蝶结上色，如图 8.56 所示。

图 8.56

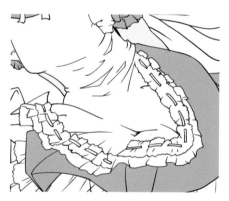

给裙子上色时，注意上面的围裙要选择留白，裙子的细节比较多，上色时一定要仔细刻画。

04 给小女孩手中的道具上色，然后再选用水蓝色给小女孩的袜子上色，如图 8.57 所示。

小女孩手中的道具稍微有点复杂，可以先给一部分上颜色，然后再为另一部分上色。

图 8.57

05 给鞋子上色，选用湖蓝色平涂上色，如图 8.58 所示。

给鞋子上色时，一定要选正确颜色，然后再仔细刻画鞋子的底色，注意颜色的变化要刻画到位。

图 8.58

06 给旁边的花和猫精灵上色，注意颜色变化要刻画出来，如图 8.59 所示。

猫精灵的身体选用群青色上色，脖子上的铃铛选用淡黄色上色，眼睛选用湖蓝色上色，不要忘记给下面的鸭子上色，还要为旁边的百合花的花叶上色。

图 8.59

07 深入刻画小女孩的头发，注意头发暗面颜色的层次要刻画到位，如图 8.60 所示。

一般给头发上色时，主要塑造头发的层次感，先刻画颜色最深的部分，再逐渐刻画亮面的颜色。注意颜色过渡一定要自然。

图 8.60

08 深入刻画小女孩皮肤的颜色，注意皮肤一定要刻画得细腻一些，如图 8.61 所示。

眼睛虽然所占的面积比较小，但是细节多，高光、反光和亮面都要刻画到位，才能把眼睛刻画到位。

给皮肤上色时，颜色的过渡一定要刻画得自然点，这样才能表现出小女孩的皮肤的质感，皮肤刻画完成后，给头上的蝴蝶结上色，注意要塑造出蝴蝶结的暗面。

图 8.61

09 深入刻画人物的眼睛，注意要刻画出水汪汪的蓝眼睛效果，如图 8.62 所示。

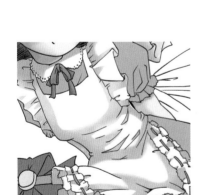

注意围裙暗面的颜色变化比较微妙，在上色时要把每一处暗面的颜色刻画到位。暗面和亮面的颜色过渡一定要处理得自然一些。

图 8.62

10 给白色的围裙上色，主
要刻画围裙的暗面，如图 8.63
所示。

11 仍旧给人物的裙子上
色，主要给裙子的花边和后面
的蝴蝶结上色，如图 8.64 所示。

图 8.63

图 8.64

与围裙的上色方法一样，还是选用蓝色和紫色混合
上色，注意颜色的过渡一定要处理得自然一些。

12 继续深入刻画鞋子的颜色，主要选用湖蓝色刻画鞋子的暗面，如图 8.65 所示。

暗面主要选用群青色上色，然后处理暗面和亮面衔接的地方。

在深入刻画鞋子的颜色时，主要刻画出鞋子的体积感，注意鞋子暗面和亮面颜色的过渡要自然。

图 8.65

13 刻画裙子上面褶皱暗面的颜色，注意暗面颜色的变化，如图 8.66 所示。

图 8.66

14 给后面的背景小物件上色，主要是给扑克牌和百合花上色，如图 8.67 所示。

背景的颜色比较多，要仔
细刻画，特别是颜色与颜
色衔接的地方要处理到
位，最后给下面的格子地
面上色。

先选用天蓝色给百合花上色，然后
再给后面的扑克牌上色，注意不能
平涂，颜色的变化要刻画到位。

图 8.67

15 给漂亮的背景上色，
注意颜色的变化一定要刻画到
位，如图 8.68 所示。

图 8.68